線形システム制御論

山本　透　　水本郁朗
［編著］
松井義弘　　大塚弘文
川田和男　　佐藤孝雄
坂口彰浩　　逸見知弘
［著］

朝倉書店

編著者

やまもと　とおる
山本　透
広島大学大学院工学研究院 教授
（第 1 章）

みずもと　いくろう
水本　郁朗
熊本大学大学院自然科学研究科 准教授
（第 5 章 / 第 7 章 / 付録）

執筆者

まつい　よしひろ
松井　義弘
福岡工業大学工学部電子情報工学科 教授
（第 8 章）

おおつか　ひろふみ
大塚　弘文
熊本高等専門学校制御情報システム工学科 教授
（第 4 章 / 第 6 章）

かわだ　かずお
川田　和男
広島大学大学院教育学研究科 准教授
（第 9 章）

さとう　たかお
佐藤　孝雄
兵庫県立大学大学院工学研究科 准教授
（第 1 章 / 第 4 章）

さかぐち　あきひろ
坂口　彰浩
佐世保工業高等専門学校電子制御工学科 准教授
（第 1 章 / 第 3 章）

へんみ　ともひろ
逸見　知弘
川崎医療福祉大学医療技術学部 准教授
（第 1 章 / 第 2 章 / 第 6 章）

（　）内は執筆担当章

まえがき

本書は現代制御理論の入門書として，大学および高等専門学校の学生向けの教科書，あるいは参考書として執筆・編集したものである．

機械システムや電機システム，さらにはプロセスシステムに代表される産業システムはもちろんのこと，我々の日常生活においても，制御技術は必要不可欠な技術の一つになっている．その制御技術は，制御理論に裏づけられながら発展し今日に至っている．

ところで，この制御理論は大きく，古典制御理論（1950 年頃まで）と現代制御理論（1960 年代～1980 年代）とに分けられる．前者はシステムを伝達関数（入出力表現）として表現し，出力フィードバック制御を基本としている．後者はシステムを状態空間モデルとして表現し，状態フィードバックによる制御系を設計するものとなっている．本書では，後者の現代制御理論を中心に解説されている．

ほとんどの大学・高等専門学校において，まず古典制御を履修し，その上で現代制御を履修することになっていることに鑑み，本書では第 1 章に「フィードバック制御の基礎」として，古典制御の一通りをまとめている．古典制御と現代制御を別物として扱うのではなく，第 2 章以降において，必要に応じて第 1 章の内容が引用でき，関連させながら学習ができるよう配慮している．併せて，第 2 章以降の内容についても相互に関連づけができるよう，参照マーク（▶）をふんだんに用いている．また，主要な設計・計算問題等は例題を用いてわかりやすく説明し，章末に用意したいくつかの演習問題により，理解度を確認することができるようになっている．

現代制御は線形代数，微分方程式などを中心とした数学の力を必要とするが，必要となる数学的基礎を付録にまとめているので，数学の復習をしながら学習できることも本書の特徴である．その一方で，数学に振り回されることなく「制御系

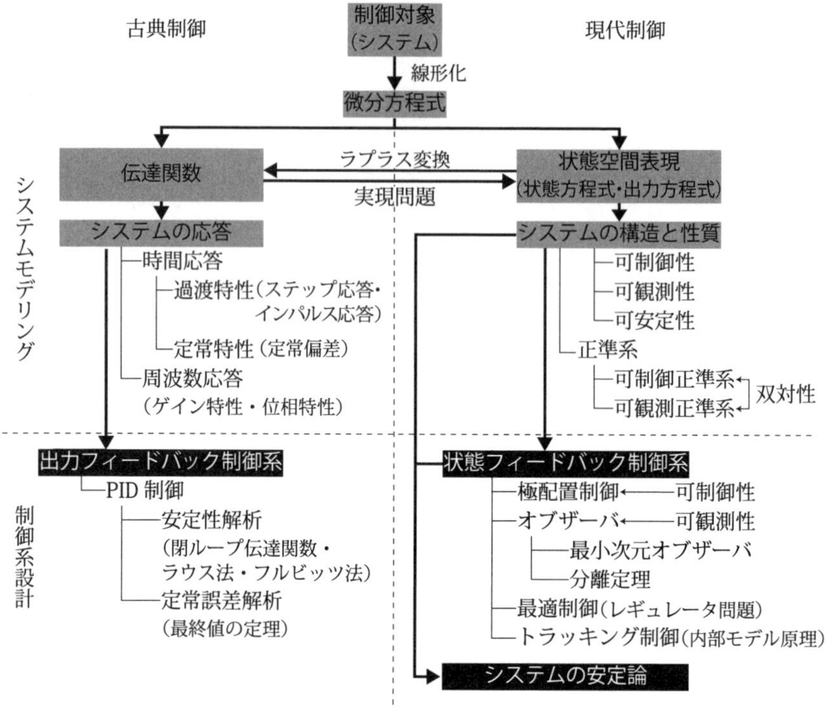

を設計する」という最終目的を見失わないようにすることも重要である．本書では，第 9 章に「実システムの制御」として，実験室レベルではあるがボール&ビームを対象としたモデリングから制御系設計，さらには実機検証に至るまでの一連の手順をまとめている．この章において，本書で学習した内容が繋がることを期待している．また，自分が学習している内容が，制御工学の全体の中でどこに位置づけられるのかが一目でわかるように，上に学習内容の系統図を示している．自分の位置を確認しながら，全体像をしっかりとつかんでいただきたい．

最後に，本書の図面の描画，ならびに校正には広島大学大学院生の木下拓矢氏にご助力いただいた．また，出版に際して朝倉書店の方々にご尽力賜った．ここに記して謝意を表する．

2015 年 2 月

山本　透
水本郁朗

目　次

1.　フィードバック制御の基礎 ･･････････････････････････････ 1
1.1　フィードバック制御とは ････････････････････････････ 1
1.1.1　フィードバック制御の基本構成 ･･････････････････ 1
1.1.2　フィードバック制御の例 ････････････････････････ 2
1.1.3　フィードバック制御とフィードフォワード制御 ････ 3
1.2　システムを『知る』 ････････････････････････････････ 4
1.2.1　システムのモデリング ･･････････････････････････ 4
1.2.2　ラプラス変換 ･･････････････････････････････････ 6
1.2.3　伝 達 関 数 ････････････････････････････････････ 8
1.2.4　ブロック線図 ･･････････････････････････････････ 9
1.2.5　閉ループ系のブロック線図 ･･････････････････････ 10
1.2.6　システムの応答 ････････････････････････････････ 12
1.2.7　システムの安定性 ･･････････････････････････････ 15
1.3　システムを『操る』 ････････････････････････････････ 18
1.3.1　比例制御（P 制御） ････････････････････････････ 18
1.3.2　比例＋積分制御（PI 制御） ･････････････････････ 20
1.3.3　比例＋積分＋微分制御（PID 制御） ･･････････････ 21
1.3.4　熱プロセスの温度制御 ･･････････････････････････ 22

2.　状態空間表現におけるシステムモデリング ･･････････････ 30
2.1　状態方程式と状態空間表現 ･･････････････････････････ 30
2.2　状態方程式の解と遷移行列 ･･････････････････････････ 34
2.3　状態空間表現と伝達関数 ････････････････････････････ 36

2.4　実現問題と最小実現 ･･････ 37
2.4.1　実 現 問 題 ･･････ 37
2.4.2　最 小 実 現 ･･････ 40

3.　システムの構造と安定性 ･･････ 42
3.1　可制御性と可観測性 ･･････ 42
3.1.1　可 制 御 性 ･･････ 42
3.1.2　可 観 測 性 ･･････ 44
3.1.3　双　対　性 ･･････ 47
3.2　正　準　形 ･･････ 48
3.2.1　可制御正準形 ･･････ 48
3.2.2　可観測正準形 ･･････ 51
3.3　安　定　性 ･･････ 53
3.3.1　システムの安定性 ･･････ 53
3.3.2　伝達関数と最小実現 ･･････ 55

4.　状態フィードバックによる制御系の設計 ･･････ 58
4.1　状態フィードバック制御と極配置 ･･････ 58
4.1.1　状態フィードバック制御 ･･････ 58
4.1.2　二次システムの極配置 ･･････ 60
4.2　可制御性と可安定性 ･･････ 62
4.2.1　可制御性と極配置 ･･････ 62
4.2.2　可　安　定 ･･････ 63
4.3　極 配 置 法 ･･････ 64
4.3.1　可制御正準形における極配置法 ･･････ 64
4.3.2　座標変換を用いた極配置法 ･･････ 65
4.3.3　アッカーマンの極配置法 ･･････ 66
4.4　最適制御系の設計 ･･････ 68
4.4.1　最適レギュレータ（制御時間が無限大の場合） ･･････ 68
4.4.2　有限時間最適レギュレータ問題 ･･････ 71

5.　状態フィードバックによるトラッキング制御 ……………… 74
5.1　状態フィードバックによるモデル出力追従制御 ……………… 74
5.1.1　出力追従制御系設計の基本的考え方 ……………… 74
5.1.2　状態フィードバックによるモデル出力追従制御系設計 ……………… 76
5.1.3　完全モデル出力追従を達成する理想状態と理想入力 ……………… 78
5.2　内部モデル原理に基づくトラッキング制御 ……………… 80
5.2.1　内部モデル原理 ……………… 80
5.2.2　内部モデル原理に基づく状態フィードバック制御—積分動作を含む制御系設計— ……………… 83
5.2.3　内部モデル原理に基づく状態フィードバック制御—一般的な設計法— ……………… 85

6.　オブザーバの設計 ……………… 89
6.1　オブザーバ ……………… 89
6.2　オブザーバゲインの設計と誤差システム ……………… 91
6.2.1　基本的概念 ……………… 91
6.2.2　可観測正準形に対する設計 ……………… 93
6.3　最小次元オブザーバ ……………… 94
6.4　オブザーバを用いた状態フィードバック制御と分離定理 ……………… 99
6.5　レギュレータとオブザーバの双対性 ……………… 101

7.　システムの安定論—リアプノフの安定性— ……………… 103
7.1　自律系（時不変系）に対する安定性 ……………… 103
7.1.1　安定性の定義 ……………… 103
7.1.2　リアプノフの安定定理 ……………… 105
7.1.3　線形システムの安定性 ……………… 108
7.2　非自律系（時変系）に対する安定性 ……………… 111
7.2.1　安定性の定義—非自律系の場合— ……………… 111
7.2.2　リアプノフの安定定理—非自律系の場合— ……………… 114
7.2.3　線形時変システムの安定性 ……………… 117

8.　周波数特性と状態フィードバック制御 ……… 120
8.1　伝達関数と周波数特性 ……… 120
8.2　周波数特性と安定余裕 ……… 123
8.3　周波数特性を用いた状態フィードバック制御の安定解析 ……… 124
8.3.1　状態フィードバックと円条件 ……… 124
8.3.2　オブザーバを用いた状態フィードバック制御 ……… 128

9.　実システムの制御実験 ……… 135
9.1　実験装置の概要 ……… 135
9.2　モデリング ……… 136
9.2.1　入力電圧と減速装置の回転角の微分方程式 ……… 136
9.2.2　減速装置の回転角とボールの位置の運動方程式 ……… 137
9.2.3　状態方程式 ……… 138
9.3　制御実験 ……… 139
9.3.1　極配置 ……… 139
9.3.2　LQ最適制御 ……… 142

A.　数学的基礎 ……… 145
A.1　行列とベクトル ……… 145
A.1.1　行列とベクトルの定義 ……… 145
A.1.2　いろいろな行列 ……… 146
A.2　ベクトルと行列のノルム ……… 147
A.2.1　ベクトルノルム ……… 147
A.2.2　行列ノルム ……… 148
A.3　行列の演算 ……… 149
A.3.1　行列の和と積 ……… 149
A.3.2　行列の要素が時間関数のときの演算 ……… 150
A.3.3　行列の行列による微分 ……… 151
A.4　行列式と逆行列 ……… 151
A.4.1　行列式 ……… 151
A.4.2　逆行列 ……… 152

A.5　連立方程式の解 …… 152
A.6　固有値と固有ベクトル …… 154
A.6.1　特性方程式 …… 154
A.6.2　固有値・固有ベクトル …… 154
A.6.3　ケーリー・ハミルトンの定理 …… 154
A.6.4　固有ベクトルの一次独立性 …… 155
A.6.5　行列の対角化 …… 157
A.7　正定行列 …… 159
A.7.1　二次形式 …… 159
A.7.2　正定行列 …… 159

B.　最適レギュレータ定理の証明 …… 162

C.　ナイキストの安定判別法 …… 164
C.1　一巡伝達関数の周波数特性とナイキストの安定判別 …… 164
C.2　虚軸上の開ループ極の扱い …… 166

D.　ラグランジュの運動方程式による運動方程式の導出関係 …… 169

E.　演習問題解答 …… 170

参考図書・文献 …… 183

索　　引 …… 185

1

フィードバック制御の基礎

本章では，フィードバック制御の基礎として，システムの入出力表現に基づくモデリングと制御系設計法に関する内容をまとめている．具体的には，伝達関数としてのシステムモデリング，過渡応答や周波数応答などのシステムの応答や安定性を学習したうえで，出力フォードバック制御の代表的な手法であるPID制御系の特徴とその設計法について述べる．

1.1　フィードバック制御とは

1.1.1　フィードバック制御の基本構成

フィードバック制御とは，制御手法の中で一般的な手法の一つで，制御対象の情報（出力）をコントローラにフィードバック（帰還）させてその情報をもとに制御を行う手法である．図1.1にフィードバック制御系の基本構成図を示す．ここで，各信号と要素は以下のとおりである．

$y(t)$：**制御量** ⋯ 制御する量．制御対象からの出力信号．

$u(t)$：**操作量** ⋯ 制御量を制御するために制御対象へ加える入力信号．

$r(t)$：**目標値** ⋯ 制御量の目標となる外部信号．

$e(t)$：**制御偏差** ⋯ 目標値と制御量の差（$e(t) := r(t) - y(t)$）．

$d(t)$：**外乱** ⋯ 外的な要因で制御対象に加わる信号．

制御対象 ⋯ 制御の対象となる物体，機器．**システム**ともいう．

検出部 ⋯ 制御量を検出する部位．**センサ**ともいう．

操作部 ⋯ 制御対象に操作量を加える部位．**アクチュエータ**ともいう．

制御器（**調節部**）⋯ 制御誤差に基づいて制御対象に加える操作量を生成する部位．**コントローラ**ともいう．

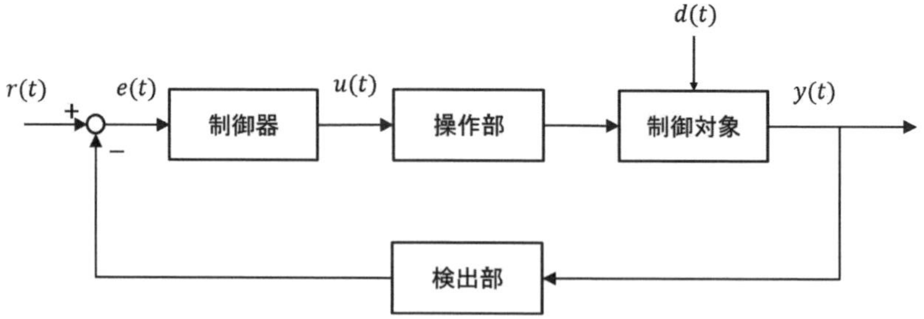

図 1.1　フィードバック制御系の基本構成

図 1.1 に示すような，フィードバック制御系を構成することで，制御偏差に基づいて操作量の計算を行っており，制御系の安定化，目標値への追従性の向上，さらには外乱抑制を達成することが可能となる．

1.1.2　フィードバック制御の例

ここでは，フィードバック制御の具体例を考えてみよう．

・野球のバッティング動作

最も身近なフィードバック制御器は人間自身であるといえる．その例として野球のバッティングを考えてみよう．野球選手はバッティングの際，常に目でボールの軌道を見ながら，バットをボールに当てるようにバットの位置を変化させている（図 1.2）．このとき，人間の脳がコントローラ（制御器）にあたり，目（検出部）で見たボールの位置情報（目標値）とバットの位置（制御量）を比較し，その差（制御偏差）に基づいてバットに当たるように脳から腕（操作部）に指令（操作量）を出すフィードバック制御を行っているといえる．このように人間がバット（制御対象）を操作して制御することを**手動制御**と呼び，このほかにも，自転車の運転や機械の操作など人間が操作することが手動制御である．

・ワットの遠心調速器

フィードバック制御を実装した最も古い工業用の装置として，図 1.3 に示す．ジェームス・ワットが開発した遠心調速器（ガバナ）がある．この装置は，錘のついた振子（制御器）により蒸気機関のタービン（制御対象）の回転数（制御量）を遠心力に変換し，蒸気気流のバルブ（操作部）の開度（操作量）を自動的に調整することで，蒸気機関の回転数を一定値（目標値）に保つように制御する装置である．このように，人間が操作することなく装置により自動的に制御すること

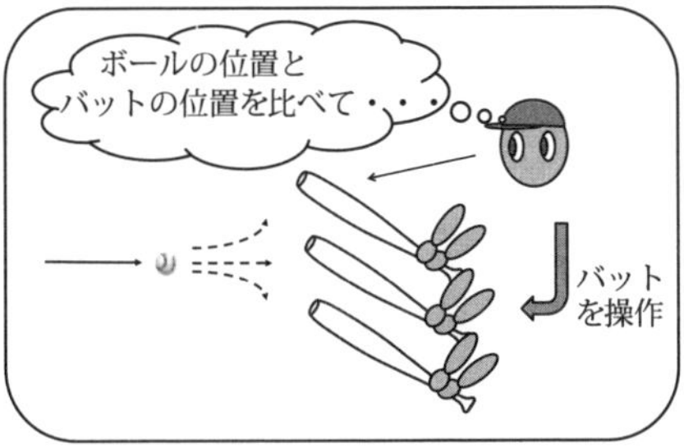

図 1.2　野球のバッティング動作

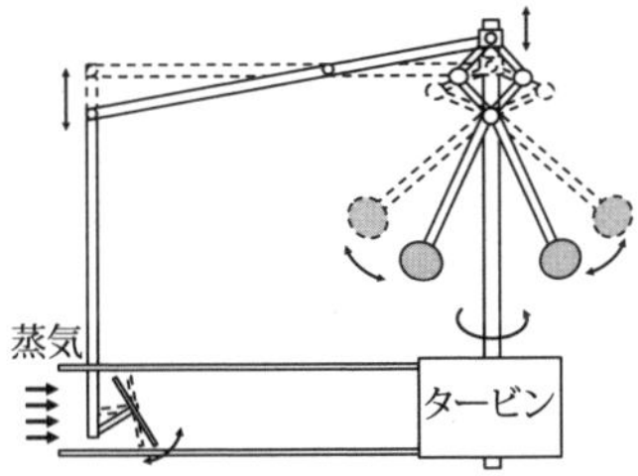

図 1.3　ワットの遠心調節器

を**自動制御**とよぶ.

・エアコンの温度制御

身近なフィードバック制御を用いた機器の一つにエアコンの温度制御がある. エアコンは搭載された温度計（検出部）により部屋（制御対象）の温度（制御量）を測定し, 室温とあらかじめ設定した温度（目標値）の差（制御偏差）に基づいて, エアコンのファン（操作部）から噴き出る風の量（操作量）を, 内蔵されているマイコン（制御器）により, 自動的に計算している, このように, マイコンなどの電子機器により制御することを**コンピュータ制御**と呼ぶ. エアコンだけでなく炊飯器や電子レンジなど身近な製品から, 工場の工作機械や発電所, 化学プラントの制御まで幅広く活用されている.

1.1.3　フィードバック制御とフィードフォワード制御

フィードバック制御におけるフィードバックの働きを調べるため, もしフィードバック信号がなくなると制御系はどのようになるか考えてみよう.

いま, バッティングにおいてフィードバック信号がない場合を考えよう. これは目を瞑ってバットを振ることと同じで, あらかじめボールが来る位置・速さがわかっていれば, バットに当てることは可能かもしれない. しかし, 真ん中にまっすぐのボールが来ると予想してバットを振っても, ボールの速さや高さが予想より違ったり, 変化球など途中で軌道が変化したりする場合は, バットに当たらず空振りをする. これは, 目標値の変化やシステムの変動に相当し, 目を開けてボールの状況を見る, すなわちフィードバック信号があればこれらに対応できることがわかる.

このように, 図 1.4 に示されるようなフィードバック信号がない, コントロー

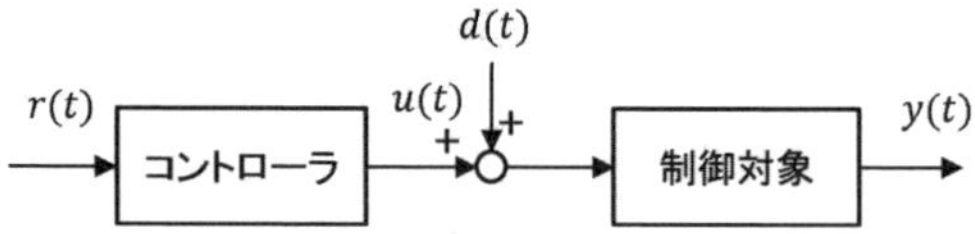

図 1.4 フィードフォワード制御系の構成

ラと制御対象が直列につながった制御を**フィードフォワード制御**と呼ぶ．身近な例では，簡単な構造の炊飯器などがある．フィードフォワード制御は制御対象の特性が正確にわかる場合はシンプルに制御系を構成できるうえ，外乱などに対しても，あらかじめその量や制御対象に与える影響などの情報がわかっていれば，外乱による影響が出始めてから対応するフィードバック制御に比べ早く対応ができるという利点がある．しかしながら，当然，制御対象の特性や外乱の情報は常に正確に得られるものではない，そこで一般的にはフィードフォワード制御はそれ単体で利用するのではなく，フィードバック制御と組み合わせて用いる場合が多い．この手法を用いると得られる情報に基づいてフィードフォワード制御で制御系を構成し，予期せぬ外乱やシステムの変動などにはフィードバック制御で対応することで，お互いの利点を組み合わせた制御が可能となる．

1.2 システムを『知る』

1.2.1 システムのモデリング

コントローラ（制御器）を設計するうえで，対象となるシステム（制御対象）の特性を知ることは非常に重要なことであり，設計者は制御対象の特性に合わせてコントローラを設計する必要がある．ここでは，制御対象の入出力関係を物理法則に基づいた数学的な関係性（**数学モデル**）を導出する**モデリング**について述べる．

いま，抵抗値が $R[\Omega]$ の電気抵抗に対して，電流 $i_r(t)[\mathrm{A}]$ を入力，端子間電圧 $v_r(t)[\mathrm{V}]$ を出力とするシステムを考える．

入出力信号の関係性はオームの法則より

$$v_r(t) = Ri_r(t) \tag{1.1}$$

が成り立つため，現在の出力 $v_r(t)$ は現在の入力 $i_r(t)$ によってのみ決定されることがわかる．このようなシステムを**静的システム**と呼び，入出力の関係が同じ次元の時間関数で表されるためコントローラは逆関数を用いることで実現でき，比較的制御が簡単なシステムとなる．

つぎに，静電容量 C[F] のコンデンサ（キャパシタ）の場合を考える，コンデンサは，電流の積分値である電荷を蓄積する素子であるため，コンデンサの初期電圧を 0[V] とすると端子間電圧 $v_c(t)$[V] と電流 $i_c(t)$[A] の関係は

$$v_c(t) = \frac{1}{C}\int_0^t i_c(\tau)d\tau \tag{1.2}$$

で表される．ここで，上述の例と同様に電流 $i_c(t)$ を入力，端子間電圧 $v_c(t)$ を出力とするシステムを考えると，現在の出力 $v_c(t)$ は，現在の入力ではなく，これまでの入力の積分値（過去から現在までの入力の影響）で決定されるのがわかる．このように，“システムの出力が現在の入力だけでなく過去の入力に依存する” ようなシステムを**動的システム**と呼ぶ．なお，(1.2) 式の両辺を微分すると

$$\frac{d}{dt}v_c(t) = \frac{1}{C}i_c(t) \tag{1.3}$$

が得られる．一般に，動的システムの入力 $u(t)$ と出力 $y(t)$ の関係はつぎの線形微分方程式で表される．

$$\begin{aligned}\frac{d^n}{dt^n}y(t) + a_n\frac{d^{n-1}}{dt^{n-1}}y(t) + \cdots + a_2\frac{d}{dt}y(t) + a_1y(t)\\ = b_n\frac{d^{n-1}}{dt^{n-1}}u(t) + \cdots + b_2\frac{d}{dt}u(t) + b_1u(t)\end{aligned} \tag{1.4}$$

システムの多くは静的システムである場合は少なく，多くの場合が動的システムとなる．以降では，例として代表的な動的システムである電気回路モデルと質量–ばね–ダンパ系の数学モデルの導出を行う．

・電気回路系のモデリング

図 1.5 の RLC 直列回路の数学モデルを考えてみよう．ここで，図中の R, L, C はそれぞれ，電気抵抗の抵抗値 [Ω]，コイルのインダクタンス [H]，コンデンサの静電容量 [F] を意味し，システムの入力を $u(t)$，出力を $y(t)$ とする．

いま，(1.3) 式において電圧 $v_c(t)$ は出力 $y(t)$ なので，出力 $y(t)$ と電流 $i(t)$ は

$$i(t) = C\frac{d}{dt}y(t) \tag{1.5}$$

の関係式で表される．一方，抵抗とコイルの端子間電圧はそれぞれ，$v_r(t) = Ri(t)$，$v_l(t) = L\frac{d}{dt}i(t)$ であるので，キルヒホッフの第二法則より $v_l(t)+v_r(t)+y(t) = u(t)$ となることから，

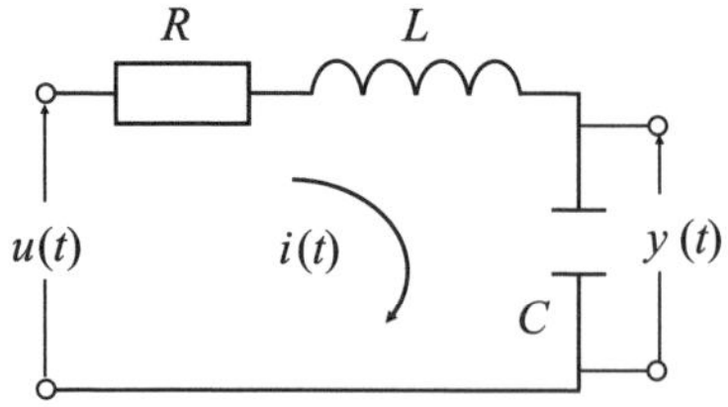

図 1.5　RLC 直列回路

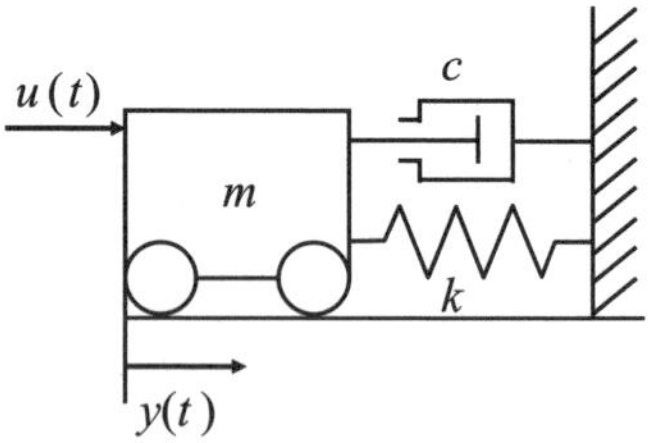

図 1.6　質量–ばね–ダンパ系

$$L\frac{d}{dt}i(t) + Ri(t) + y(t) = u(t) \tag{1.6}$$

が得られる．したがって，このシステムの運動方程式（入出力関係を表す微分方程式）は

$$LC\frac{d^2}{dt^2}y(t) + RC\frac{d}{dt}y(t) + y(t) = u(t) \tag{1.7}$$

となる．

・質量–ばね–ダンパ系のモデリング

図1.6に示す，ばね定数 k[N/m] のばね，粘性摩擦係数 c[N·s/m] のダンパ，および質量 m[kg] の台車からなるシステムを考える．入力として力 $u(t)$[N] を加えた際の台車の変位 $y(t)$[m] を出力とすると，ばねは変位 $y(t)$ に比例した反力 $f_k(t) = -ky(t)$，ダンパは変位の変化量 $\frac{d}{dt}y(t)$ に比例した反力 $f_d(t) = -c\frac{d}{dt}y(t)$ を発生するので，台車に加わっている力は $u(t) + f_k(t) + f_d(t) = u(t) - ky(t) - c\frac{d}{dt}y(t)$ となる．このとき，ニュートンの運動方程式より

$$m\frac{d^2}{dt^2}y(t) = u(t) - ky(t) - c\frac{d}{dt}y(t) \tag{1.8}$$

が得られる．したがって，このシステムの運動方程式は

$$m\frac{d^2}{dt^2}y(t) + c\frac{d}{dt}y(t) + ky(t) = u(t) \tag{1.9}$$

となる．

1.2.2　ラプラス変換

前項では，さまざまなシステムの振る舞いを表現するために微分方程式を用いることを学んだ．そこで，一般的には微分方程式を解くことで，システムの挙動を知ることができる．しかし，その解を求めることは必ずしも簡単ではない．これに対し，ラプラス変換を用いることで，微積演算が代数演算（加減乗除）とし

て扱えることが知られている．ここでは，ラプラス変換の基本法則と，それを用いたシステムの表現法である伝達関数表現について説明する．

定義 1.1 (ラプラス変換・ラプラス逆変換)**.** ある関数 $x(t)$ が任意の有限区間で積分可能とするとき，

$$X(s)=\mathcal{L}[x(t)]:=\int_0^{\infty}x(t)e^{-st}dt \tag{1.10}$$

を $x(t)$ の**ラプラス変換**という．(1.10) 式において，$\mathcal{L}[\cdot]$ はラプラス変換を，s は複素数を表している．一方，$X(s)$ から $x(t)$ への変換を**ラプラス逆変換**（または**逆ラプラス変換**）といい，

$$x(t)=\mathcal{L}^{-1}[X(s)]=\frac{1}{2\pi j}\int_{\delta-j\infty}^{\delta+j\infty}X(s)e^{st}ds \tag{1.11}$$

で定義される．ただし，$t>0$ であり，δ は実定数である．

例題 1.1. 次式で与えられる $x(t)$ をラプラス変換しなさい．

$$x(t)=\begin{cases}1\ (t\geq 0)\\ 0\ (t<0)\end{cases} \tag{1.12}$$

解）ラプラス変換の定義式より，

$$\begin{aligned}X(s)&=\int_0^{\infty}1\cdot e^{-st}dt\\&=\left[-\frac{1}{s}e^{-st}\right]_0^{\infty}=\frac{1}{s}\end{aligned} \tag{1.13}$$

となる．

例題 1.2. 次式で与えられる $X(s)$ をラプラス逆変換しなさい．

$$X(s)=\frac{1}{(s+1)(s+2)} \tag{1.14}$$

解）ラプラス逆変換するには，(1.11) 式をそのまま用いず，部分分数展開を行ってから用いる方法が一般的である．このとき，表 1.1 に示す対応表を用いると便利である．

$$\begin{aligned}x(t)&=\mathcal{L}^{-1}\left[\frac{1}{(s+1)(s+2)}\right]=\mathcal{L}^{-1}\left[\frac{1}{s+1}-\frac{1}{s+2}\right]\\&=\mathcal{L}^{-1}\left[\frac{1}{s+1}\right]-\mathcal{L}^{-1}\left[\frac{1}{s+2}\right]=e^{-t}-e^{-2t}\end{aligned} \tag{1.15}$$

表 1.1 代表的なラプラス変換対応表

$x(t)$	$X(s)$	$x(t)$	$X(s)$
$\dfrac{dx(t)}{dt}$	$sX(s)-x(0)$	$\int_0^t x(\tau)d\tau$	$\dfrac{1}{s}X(s)$
$\delta(t)$ *	1	$e^{-\alpha t}$	$\dfrac{1}{s+\alpha}$
$a\ (t>0)$	$\dfrac{a}{s}$	$\sin\omega t$	$\dfrac{\omega}{s^2+\omega^2}$
t	$\dfrac{1}{s^2}$	$\cos\omega t$	$\dfrac{s}{s^2+\omega^2}$
$x(t-\tau)$	$X(s)e^{-\tau s}$	$e^{-at}x(t)$	$X(s+a)$

*$\delta(t)$ は，ディラック（Dirac）のデルタ関数である．

1.2.3 伝 達 関 数

前項で学んだラプラス変換を用いると，システムの入出力関係を簡単に表現できる．図 1.5 に示す電気回路の入出力関係を表す微分方程式 (1.7) 式を初期値を 0 としてラプラス変換すると，

$$LCs^2Y(s)+RCsY(s)+Y(s)=U(s) \tag{1.16}$$

となる．これより，入力 $U(s)$ と出力 $Y(s)$ の関係 $G(s)$ は，

$$G(s):=\frac{Y(s)}{U(s)}=\frac{1}{LCs^2+RCs+1} \tag{1.17}$$

となる．このように，平衡位置（初期値 0 の点）からのある入力信号と出力信号間のラプラス変換の関係を表す $G(s)$ を**伝達関数**という．伝達関数がわかれば，与えられた入力に対するシステムの挙動を知ることができる．また，伝達関数と得られた出力からどのような入力信号が与えられたかを調べることも可能となる場合がある．このように，システムを制御するうえでシステムの伝達関数がどのように表現されるかを知ることは非常に重要である．

例題 1.3. 図 1.7 の電気回路において，入力信号を $v_i(t)$，出力信号を $v_o(t)$ とする．このときの伝達関数を求めなさい．

解）回路の方程式は，

$$\left.\begin{aligned} Ri(t)+L\frac{di(t)}{dt}&=v_i(t)\\ v_o(t)&=Ri(t)\end{aligned}\right\} \tag{1.18}$$

となる．このとき，初期値を 0 としてラプラス変換すると伝達関数は，

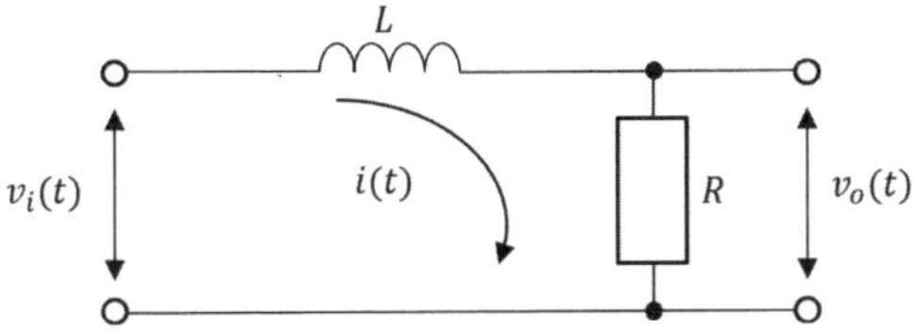

図 1.7 RL 回路

$$G(s) := \frac{V_o(s)}{V_i(s)} = \frac{1}{1 + \dfrac{L}{R}s} \tag{1.19}$$

となる.

1.2.4 ブロック線図

対象とするシステムが異なっていても，伝達関数を用いると入力信号から出力信号までの流れを視覚的に表すことができる．この入出力信号の流れを示したものが**ブロック線図**である．ブロック線図は，図 1.8 に示すように，伝達要素（伝達関数）をブロックで表し，信号を矢印で表す．ここで，$X(s)$ が入力信号を，$Y(s)$ が出力信号を，$G(s)$ が伝達関数を表している．このとき，それぞれの関係は

$$Y(s) = G(s)X(s) \tag{1.20}$$

として表される．一般には，図 1.9 のようにブロックと矢印の組み合わせによっ

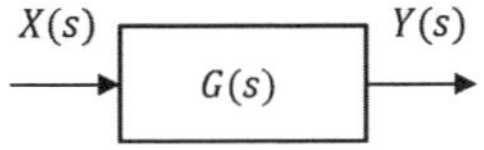

図 1.8 ブロック線図

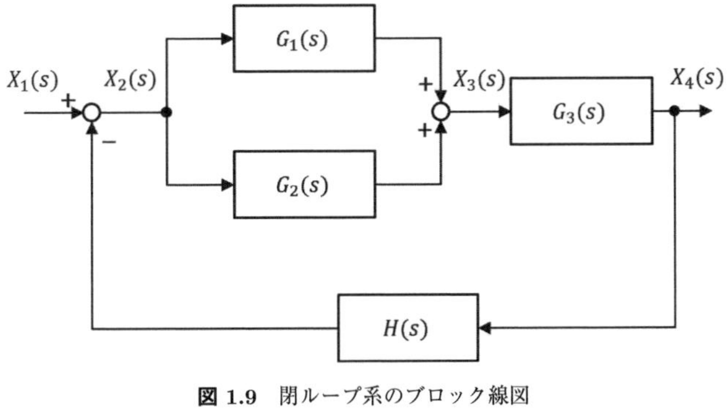

図 1.9 閉ループ系のブロック線図

て制御系（**閉ループ系**）を表現する．

1.2.5 閉ループ系のブロック線図

閉ループ系のブロック線図が図 1.9 のように表されているとする．この図を見ると，ブロック間で信号がどのように伝わっていくか一目瞭然である．しかし，このままでは，例えば $X_1(s)$ と $X_4(s)$ がどのような関係にあるのかはわかりづらい．ブロック線図として表される一つのシステムは，複数のブロックがあったとしてもそれらを統合し，一つの伝達関数によるシステムとして表すことができる．以下で，ブロックの結合について示す．

まず，代表的な結合則について説明する．図 1.10 に示すように，ブロックが直列に接続されているとする．ここで，$U(s)$ は入力信号を，$Y(s)$ は出力信号を表している．図より，信号 $X(s)$ と $Y(s)$ は次式で表される．

$$X(s) = G_1(s)U(s) \tag{1.21}$$

$$Y(s) = G_2(s)X(s) \tag{1.22}$$

したがって，$Y(s) = G_2(s)G_1(s)U(s)$ より，伝達関数 $G(s)$ は

$$G(s) := \frac{Y(s)}{U(s)} = G_2(s)G_1(s) \tag{1.23}$$

となる．つまり，直列接続されたブロックの結合はそれぞれの伝達要素の積で表されることになる．

つぎに，図 1.11 に示すように，ブロックが並列に接続されているとする．この

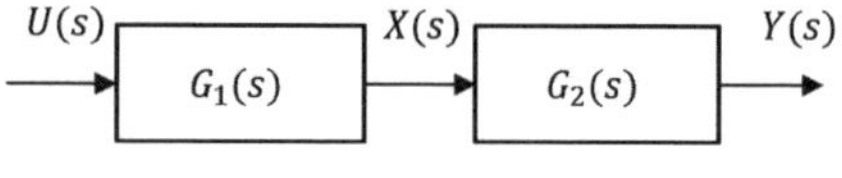

図 1.10 直列結合

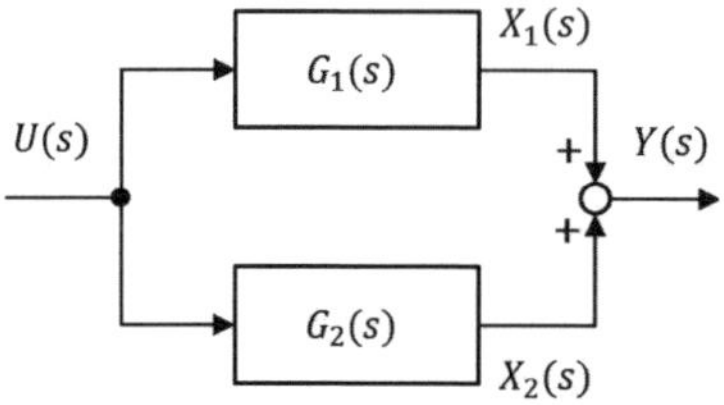

図 1.11 並列結合

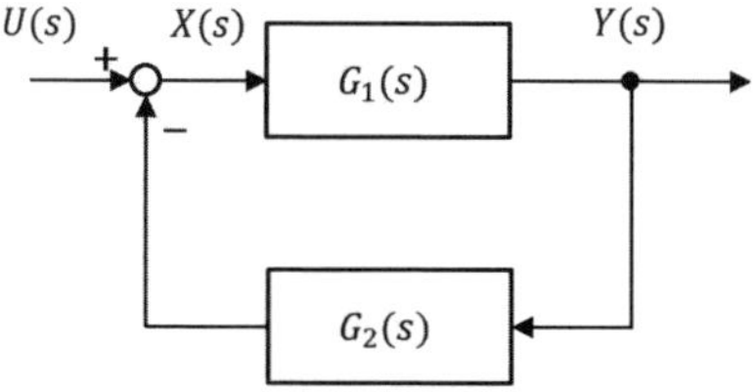

図 1.12 フィードバック結合

図より，信号 $X_1(s)$，$X_2(s)$ と $Y(s)$ は次式で表される．

$$X_1(s) = G_1(s)U(s) \tag{1.24}$$

$$X_2(s) = G_2(s)U(s) \tag{1.25}$$

$$Y(s) = X_1(s) + X_2(s) \tag{1.26}$$

すなわち，並列接続されたシステムの伝達関数 $G(s)$ は

$$G(s) = \{G_1(s) + G_2(s)\} \tag{1.27}$$

となる．つまり，並列接続されたブロックの結合はそれぞれの伝達要素の和で表されることになる．

最後に，図 1.12 に示すように，ブロックがフィードバック接続されているとする．図より，信号 $X(s)$ と $Y(s)$ は次式で表される．

$$X(s) = U(s) - G_2(s)Y(s) \tag{1.28}$$

$$Y(s) = G_1(s)X(s) \tag{1.29}$$

したがって，上式から $X(s)$ を消去すると，伝達関数 $G(s)$ は

$$G(s) = \frac{G_1(s)}{1 + G_1(s)G_2(s)} \tag{1.30}$$

となる．このとき $G_1(s)G_2(s)$ を**一巡伝達関数**と呼ぶ．

以上の結合則を用いて，図 1.9 のブロック線図の伝達関数を求めてみよう．ここで，$X_1(s)$ が入力信号を，$X_4(s)$ が出力信号を表しているとする．まず，伝達関数 $G_1(s)$ と $G_2(s)$ の並列部分を結合させる．伝達要素 $G_1(s)$ と $G_2(s)$ にはそれぞれ信号 $X_2(s)$ が与えられ，それぞれの出力信号の和が $X_3(s)$ となるため，

$$X_3(s) = \{G_1(s) + G_2(s)\} X_2(s) \tag{1.31}$$

となる．この信号が伝達要素 $G_3(s)$ に入力された出力が $X_4(s)$ であるため，

$$X_4(s) = \{G_1(s) + G_2(s)\} G_3(s)X_2(s) \tag{1.32}$$

となる．一方，信号 $X_2(s)$ は，信号 $X_4(s)$ と信号 $X_1(s)$ により

$$X_2(s) = X_1(s) - H(s)X_4(s) \tag{1.33}$$

のように表される．よって，(1.32)，(1.33) 式より，信号 $X_2(s)$ を消去すると，入力信号 $X_1(s)$ と出力信号 $X_4(s)$ 間の伝達関数は，

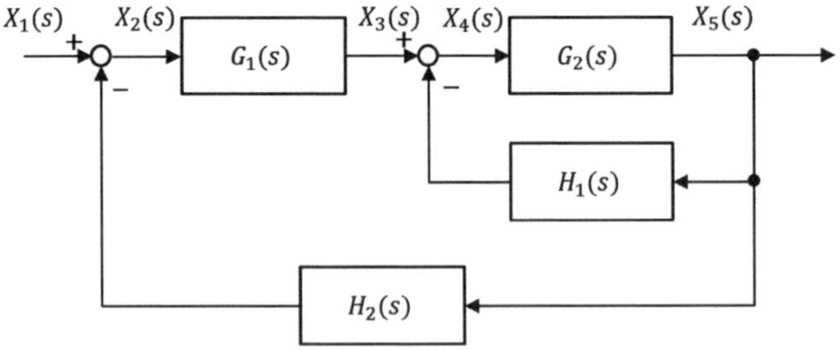

図 1.13　ブロック線図

$$G(s) := \frac{X_4(s)}{X_1(s)} = \frac{\{G_1(s) + G_2(s)\} G_3(s)}{1 + \{G_1(s) + G_2(s)\} G_3(s) H(s)} \tag{1.34}$$

のように求まる.

例題 1.4. 図 1.13 のブロック線図において, $X_1(s)$ を入力信号, $X_5(s)$ を出力信号とする. このとき, 閉ループ系の伝達関数（**閉ループ伝達関数**）を求めなさい.

解）まず, 内側のフィードバック部を結合する. $X_4(s)$ および $X_5(s)$ は,

$$X_4(s) = X_3(s) - H_1(s)X_5(s) \tag{1.35}$$

$$X_5(s) = G_2(s)X_4(s) \tag{1.36}$$

より, $X_3(s)$ と $X_5(s)$ の間の関係は,

$$X_5(s) = \frac{G_2(s)}{1 + H_1(s)G_2(s)} X_3(s) \tag{1.37}$$

となる. よって, $X_2(s)$ と $X_5(s)$ の間の関係は,

$$X_5(s) = \frac{G_2(s)G_1(s)}{1 + H_1(s)G_2(s)} X_2(s) \tag{1.38}$$

となる. さらに, $X_2(s)$ は,

$$X_2(s) = X_1(s) - H_2(s)X_5(s) \tag{1.39}$$

と得られるので, 閉ループ伝達関数は,

$$W(s) := \frac{X_5(s)}{X_1(s)} = \frac{G_1(s)G_2(s)}{1 + H_1(s)G_2(s) + H_2(s)G_1(s)G_2(s)} \tag{1.40}$$

となる.

1.2.6　システムの応答

いま, システムの入出力関係が伝達関数 $G(s)$ を用いて, つぎのように表されるシステムを考えよう.

$$Y(s) = G(s)U(s) \tag{1.41}$$

システムの応答とは，(1.41) 式において，システムへある入力信号 $U(s)$ を印加した結果，観測される出力信号 $Y(s)$ を指す．ここでは，時間を変数とした**時間応答**と，周波数を変数とした**周波数応答**について述べる．

a. 時間応答

時間応答は，時間の経過とともに変化する出力（制御量）を示す．代表的な入力信号として，インパルス入力，ステップ入力，ランプ入力が挙げられる．これらを入力した場合の応答は，それぞれインパルス応答，ステップ応答，ランプ応答と呼ばれる．以下では，一次遅れ系，二次遅れ系，むだ時間系の**ステップ応答**について簡単に示す．

まず，**一次遅れ系**の伝達関数は次式で与えられる．

$$G(s) = \frac{K}{1+Ts} \tag{1.42}$$

ここで，K は**ゲイン**，T は**時定数**と呼ばれる．安定な一次遅れ系に対し，単位ステップ入力（$u(t) = 1, t \geq 0$）を印加した場合，ステップ応答は図 1.14 となる．実際，ステップ入力を印加されたときの出力 $y(t)$ は，つぎのように得られる．

$$y(t) = K(1 - e^{-t/T}) \tag{1.43}$$

この応答は，最終値である K を越えることなく収束する．また，時刻 $t = T$ では，最終値の 63.2% に到達する．このため，時定数 T が小さければその応答は速くなり，逆に大きくなればゆっくりとした応答になることがわかる．

つぎに，**二次遅れ系**の伝達関数の一例として振動系を表す次式を考える．

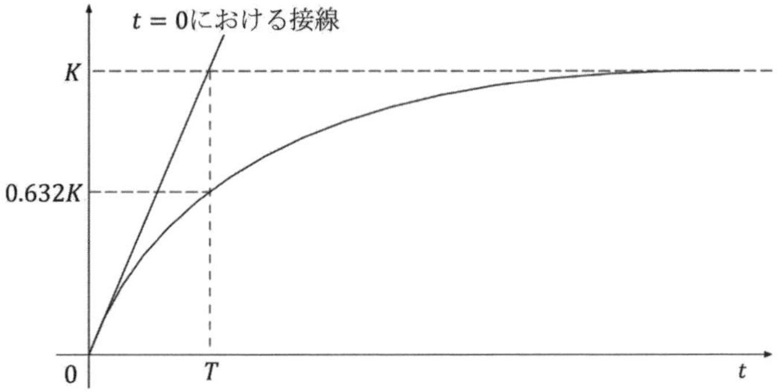

図 1.14 一次遅れ系のステップ応答

$$G(s) = \frac{\omega_n^2}{s^2 + 2\zeta\omega_n s + \omega_n^2} \tag{1.44}$$

ここで，ζ と ω_n は減衰比と固有角周波数と呼ばれる．ζ の値によって分母多項式 $= 0$ の根は，異なる実数，重根，共役複素数に分類される．そのため，この伝達関数のステップ応答は，図 1.15 に示すように ζ の値によって大きく異なる．図 1.15 において，$\zeta \geq 1$ の場合，値が大きくなるにつれて応答が遅くなる．$0 < \zeta < 1$ では，オーバシュートが生じる．$\zeta < 0$ になると，不安定化してしまう．

最後に，**むだ時間系**の伝達関数は次式となる．

$$G(s) = e^{-Ls} \tag{1.45}$$

ここで，L は**むだ時間**の大きさを示す．むだ時間系に対するステップ応答は，$y(t) = u(t - L)$ であり，図 1.16 に示される．ここで，$u(t)$ は単位ステップ入

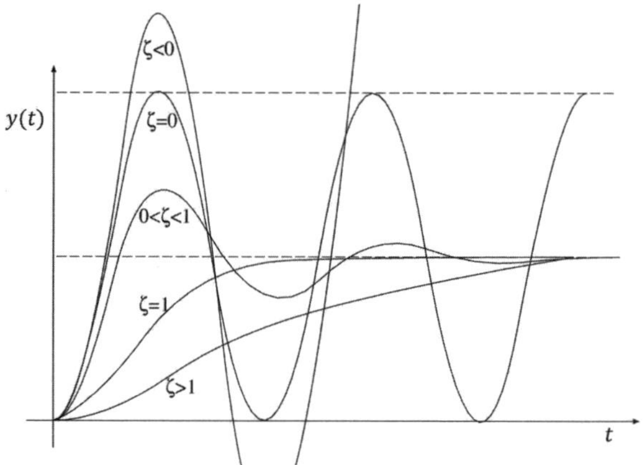

図 1.15　ζ の値によって異なる二次遅れ系のステップ応答

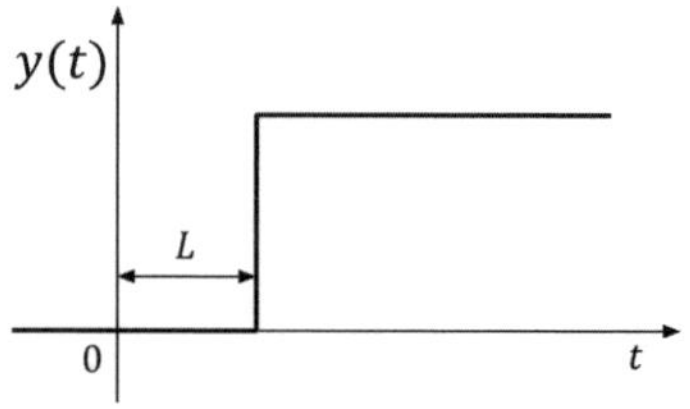

図 1.16　むだ時間のステップ応答

力とする．

b.　周波数応答

周波数応答は，入力の周波数に応じた**ゲイン特性**（入出力信号の振幅比）と**位相特性**（入出力信号の位相のずれ）で表される．周波数応答は，時間が十分経過した後の定常状態の応答を表す．

入力として以下の正弦波を考えよう．

$$u(t) = A\sin(\omega t) \tag{1.46}$$

ここで，A は正弦波の振幅であり，ω は角周波数 [rad/s] である．この入力を安定なシステム $G(s)$ へ印加して十分時間が経過した場合，以下の応答が得られる．

$$y(t) = B\sin(\omega t + \phi) \tag{1.47}$$

(1.46) 式と (1.47) 式から，入出力信号で角周波数は不変であることがわかる．出力の振幅 B は $B = |G(j\omega)|A$ で与えられる．すなわち，入出力信号の振幅比は $B/A = |G(j\omega)|$ で与えられ，これがシステムの**ゲイン**である．また，**位相** ϕ[rad] は $\phi = \angle G(j\omega)$ となる．このため，ゲインと位相は，入力信号の角周波数 ω とシステムの伝達関数で決定されることがわかる．ここで，$G(j\omega)$ は伝達関数 $G(s)$ において，$s = j\omega$(j は虚数単位) としたものであり，**周波数伝達関数**と呼ばれ，$G(j\omega) = |G(j\omega)|e^{j\angle G(j\omega)}$ と表される．ボード線図やナイキスト線図を用いれば，角周波数 ω の変化に対するゲインと位相の変化の様子を容易に読み取ることができる（詳しくは 8 章を参照）．

1.2.7　システムの安定性

制御系を設計する際は，その安定性が最も重要である．システムが伝達関数で表される場合，分母多項式 $= 0$ とした式を**特性方程式**といい，特性方程式の根は**極**と呼ばれる．制御系の安定性は伝達関数の極により決定され，極の実部がすべて負であるシステムは安定であるが，実部が負でない極が一つでも存在する場合は不安定となる．

すべての極を求めることでシステムの安定性を判別することができるが，システムの安定性を判別するだけであれば，極の具体的な値は不要である．そのため，極を求めることなく，システムの安定性を判別する方法がいくつか提案されている．ラウスの安定判別やフルビッツの安定判別法は特性方程式の係数を用いて，安定性の判別を行うことができる．また，周波数伝達関数の周波数を変動させて描かれる軌跡を利用したナイキストの安定判別法もある．以下に，**ラウスの安定判別法**，および**フルビッツの安定判別法**を紹介する．

a.　ラウスの安定判別法

ラウスの安定判別法では，以下の二つ条件を満たすとき，安定であると判別することができる．

- 次式により与えられる特性方程式

$$a_{n+1}s^n + a_n s^{n-1} + \cdots a_2 s + a_1 = 0 \tag{1.48}$$

  の係数がすべて同符合である（一般性を失うことなく，以下ではすべての係数は正とする）．
- ラウス表の一番左側の列（ラウス列）がすべて正である．ここに，ラウス表は以下の手順で作成できる．

1）1 行目と 2 行目は，特性方程式の係数を使って以下のように定義される．

1 行目	a_{n+1}	a_{n-1}	a_{n-3}	$\cdots$
2 行目	a_n	a_{n-2}	a_{n-4}	$\cdots$

2）3 行目以降の i 行目（$i = 3, \cdots, n+1$）は，その行の上二つの行（$i-1$ 行目と $i-2$ 行目）を使って計算される．具体的には，i 行目における k 番目の要素 z_k は，$i-1$ 行目と $i-2$ 行目の要素を使って，以下のように作成される．

$i-2$ 行目	x_1	x_2	x_3	$\cdots$	x_k	x_{k+1}	$\cdots$
$i-1$ 行目	y_1	y_2	y_3	$\cdots$	y_k	y_{k+1}	$\cdots$
i 行目	z_1	z_2	z_3	$\cdots$	z_k	z_{k+1}	$\cdots$

ただし，

$$z_k = -\frac{1}{y_1}\begin{vmatrix} x_1 & x_{k+1} \\ y_1 & y_{k+1} \end{vmatrix}$$

である．ただし，参照する要素がない場合には 0 として計算を続ける．

3）各行の一番左側の要素 $(a_1, a_2, \cdots, x_1, y_1, z_1, \cdots)$ がラウス列となる．

b.　フルビッツの安定判別法

簡単にシステムの安定性を調べるもう一つの方法として，つぎのフルビッツの安定判別法も知られている．

システムの特性方程式が (1.48) 式で与えられるとする．このとき，以下の条件が満足されるならば，この特性方程式のすべての根の実部は負となる．すなわち，システムは安定となる．

- 係数 a_i $(i = 1, 2, \cdots, n+1)$ がすべて正の値である．
- (1.49) 式で定義されるフルビッツ行列 H の主座小行列式 h_i $(i = 1, 2, \cdots, n)$ がすべて正の値である．

$$H = \begin{bmatrix} a_n & a_{n-2} & a_{n-4} & \cdots & 0 \\ a_{n+1} & a_{n-1} & a_{n-3} & \cdots & 0 \\ 0 & a_n & a_{n-2} & \cdots & 0 \\ 0 & a_{n+1} & a_{n-1} & \cdots & 0 \\ 0 & 0 & a_n & \cdots & 0 \\ 0 & 0 & a_{n+1} & \vdots & 0 \\ 0 & 0 & 0 & \vdots & 0 \\ \vdots & \vdots & \vdots & \vdots & \vdots \\ 0 & 0 & 0 & \cdots & a_1 \end{bmatrix} \tag{1.49}$$

ただし，

$$h_1 = \begin{vmatrix} a_n \end{vmatrix} > 0,\ h_2 = \begin{vmatrix} a_n & a_{n-2} \\ a_{n+1} & a_{n-1} \end{vmatrix} > 0,\ h_3 = \begin{vmatrix} a_n & a_{n-2} & a_{n-4} \\ a_{n+1} & a_{n-1} & a_{n-3} \\ 0 & a_n & a_{n-2} \end{vmatrix} > 0,$$

$$\cdots \quad , \quad h_n = |H|$$

である．

例題 1.5. つぎの伝達関数で与えられるシステムの安定性を調べなさい．

$$G(s) = \frac{2s^2 + 3s + 1}{s^3 + 4s^2 + 6s + 7} \tag{1.50}$$

解）このシステムの特性方程式は次式で与えられる．

$$s^3 + 4s^2 + 6s + 7 = 0 \tag{1.51}$$

(1.51) 式より，特性方程式の係数はすべて正（同符号）である．つぎに，フルビッツ行列を求めると，

$$H = \begin{bmatrix} 4 & 7 & 0 \\ 1 & 6 & 0 \\ 0 & 4 & 7 \end{bmatrix} \tag{1.52}$$

となり，各主座小行列式は，

$$h_1 = |4| > 0 \tag{1.53}$$

$$h_2 = \begin{vmatrix} 4 & 7 \\ 1 & 6 \end{vmatrix} = 17 > 0 \tag{1.54}$$

$$h_3 = \begin{vmatrix} 4 & 7 & 0 \\ 1 & 6 & 0 \\ 0 & 4 & 7 \end{vmatrix} = 119 > 0 \tag{1.55}$$

となる．したがって，(1.50) 式のシステムは安定である．

制御系が安定化されていても，システムが変動した場合，一旦設計した制御系が不安定化してしまうおそれがあるため，ある程度のシステム変動に対しても安定性が保たれていることが望ましい．これは，安定余裕と呼ばれ，ゲイン変動に対する余裕（**ゲイン余裕**）や位相変動に対する余裕（**位相余裕**）は，周波数伝達関数を利用してボード線図やナイキスト線図により，あらかじめ見積ることができる．

[▶ p.123] [▶ p.164]

1.3　システムを『操る』

1.3.1　比例制御（P 制御）

システムの特性がわかれば，これに基づいて制御系を設計することができる．まず，基本的な出力フィードバック制御系として，**比例**（Proportional）**制御**を取り上げる．

比例制御（**P 制御**）則は次式で与えられる．

$$u(t) = k_c e(t) \tag{1.56}$$

ここで，k_c は**比例ゲイン**であり，$e(t)$ は次式で定義される制御偏差である．

$$e(t) := r(t) - y(t) \tag{1.57}$$

システムの伝達関数を $G(s)$ とするとき，比例制御系のブロック線図を，図 1.17 に示す．ここで，比例ゲイン k_c を変化させることで，制御応答がどのように変化するか調べてみよう．

いま，システムが次式で与えられる「一次遅れ + むだ時間」系とする．

$$G(s) = \frac{0.5}{1 + 10s} e^{-2s} \tag{1.58}$$

このとき，比例制御系のステップ応答を図 1.18 に示す．k_c を大きくすると，定

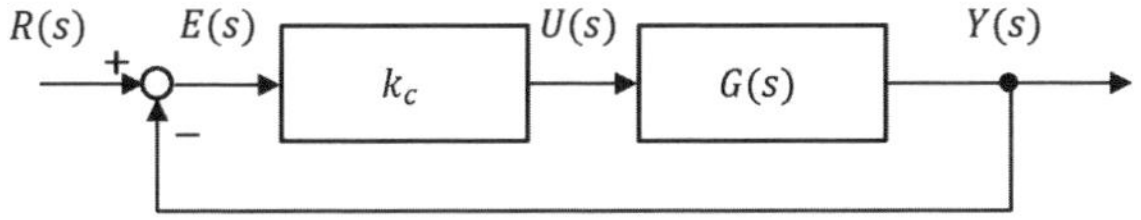

図 1.17　比例制御系のブロック線図

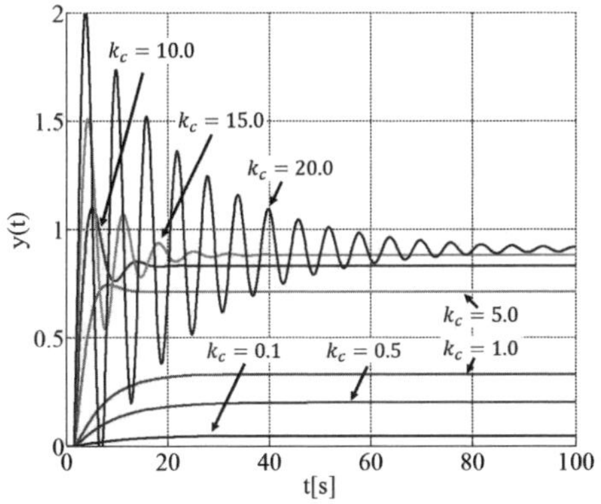

図 1.18　比例制御による制御応答

常状態での制御偏差（**定常偏差**）が小さくなることがわかる．その一方で，k_c を大きくすることで，応答は徐々に振動的になり，図 1.18 には示していないが，最終的には制御系が不安定となり，応答が発散する．ここで，この制御系の安定性について調べてみよう．この制御系の閉ループ伝達関数は次式となる．

$$W(s) = \frac{0.5k_c(1-s)}{10s^2 + (11-0.5k_c)s + (1+0.5k_c)} \tag{1.59}$$

ただし，むだ時間要素は，次式によって与えられる一次のパディ近似によって置き換えている．

$$e^{-2s} \simeq \frac{1-s}{1+s} \tag{1.60}$$

このとき，この制御系の特性方程式は，

$$10s^2 + (11-0.5k_c)s + (1+0.5k_c) = 0 \tag{1.61}$$

となり，制御系が安定となる k_c の範囲は，$-2 < k_c < 22.0$ であることが容易に確かめられる．したがって，この制御系は，$k_c \leq -2$，および $k_c \geq 22.0$ では不安定となる．

つぎに，定常偏差について調べてみよう．この定常偏差は，最終値の定理を用いると簡単に評価することができる．最終値の定理を用いると，定常偏差は次式

となる．

$$\bar{e} = (1 - W(0))\bar{r} = \frac{1}{1 + 0.5k_c}\bar{r} \tag{1.62}$$

例えば，$k_c = 0.5$ であれば，$\bar{e} = 0.8$ と算出されるが，これは，図 1.18 からも確認できる．また，先に述べた制御系の安定性の観点から，k_c は，$-2 < k_c < 22.0$ の範囲で与える必要があり，この範囲にある k_c によれば，$\bar{e} \neq 0$ であることも容易にわかる．このように，システムが「一次遅れ + むだ時間」系で与えられるとき，比例制御では，定常偏差を 0 にすることができない（このような制御システムを「0 型」システムという）．一方で，例えば次式のようにシステムが積分動作を含んでいる場合は，比例制御によって定常偏差を 0 にすることができる（このような制御システムを「1 型」システムという）．このことは，最終値の定理を用いて同様に確認できるので，読者に任せたい．

$$G(s) = \frac{K}{s(1 + Ts)}e^{-Ls} \tag{1.63}$$

1.3.2 比例 + 積分制御（PI 制御）

比例 + 積分（Integral）**制御**（**PI 制御**）則は，次式で与えられる．

$$u(t) = k_c\{e(t) + \frac{1}{T_I}\int_0^t e(\tau)d\tau\} \tag{1.64}$$

ただし，T_I は**積分時間**（あるいは**リセット時間**）である．PI 制御系のブロック線図を図 1.19 に示す．ここでも，PI 制御系の制御応答について調べてみよう．$T_I = 10$[s] とし，同じく k_c を変化させたときのステップ応答を図 1.20 に示す．図 1.20 からわかるように，積分動作（(1.64) 式の右辺第 2 項）を加えたことで，定常偏差が除去されていることがわかる（このような制御システムを「1 型」システムという）．このことは，この制御系の閉ループ伝達関数は，

$$W(s) = \frac{0.5k_c(1 - s)}{10s^2 + (10 - 0.5k_c)s + 0.5k_c} \tag{1.65}$$

であり，最終値の定理から，次式の関係が得られることで示すことができる．

$$\bar{e} = (1 - W(0))\bar{r} = 0 \tag{1.66}$$

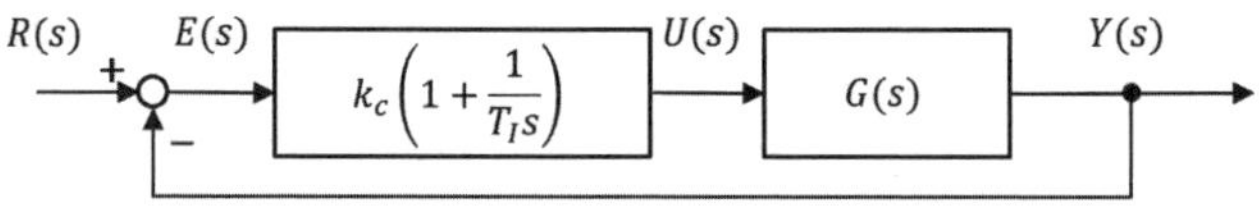

図 1.19 PI 制御系のブロック線図

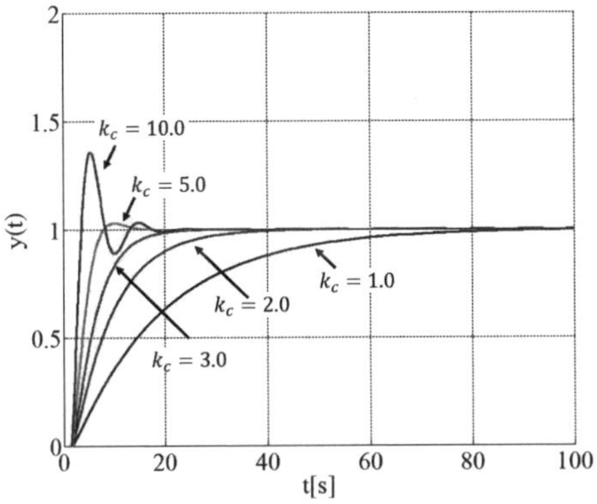

図 1.20　PI 制御による制御応答（ただし，$T_I = 10$[s]）

その一方で，k_c が小さいと，過減衰的な応答となり，k_c を大きくすると，立ち上がりは速くなるものの，**オーバーシュート**が生じていることもわかる．これは，積分動作によって位相が遅れてしまうことに起因している．

1.3.3　比例＋積分＋微分制御（PID 制御）

PI 制御では，立ち上がり時間とオーバーシュート量の間にトレードオフの関係があるが，制御応答としては，立ち上がりが速く，かつオーバーシュートが生じないことが望まれる．そこで，次式で与えられる**比例＋積分＋微分**（Derivative）**制御**（**PID 制御**）則を考える．

$$u(t) = k_c \left\{ e(t) + \frac{1}{T_I} \int_0^t e(\tau) d\tau + T_D \frac{d}{dt} e(t) \right\} \tag{1.67}$$

ただし，T_D は**微分時間**であり，右辺第 3 項が微分動作になる．この制御則によって構成される PID 制御系のブロック線図を図 1.21 に示す．また，同様に PID 制御系の制御応答は，図 1.22 のようになる．ただし，$T_I = 10$[s]，$T_D = 1.0$[s] である．なお，PID 制御系が安定となる k_c の範囲，および定常偏差については，これまでと同様に算出できるので，ここでは省略する．図 1.22 から，微分動作が加わったことで，立ち上がりが早く，またオーバーシュートのない応答が得られていることがわかる．これによって，PID 制御によって (1) 安定性，(2) 追従性，および (3) 速応性を満足する制御系を構成することができる．

ところで，(1.67) 式の PID 制御則を時間領域で考えると，P 動作は「現在」，I 動作は「過去」，また，D 動作は「未来」の情報（制御偏差）に基づいた制御動

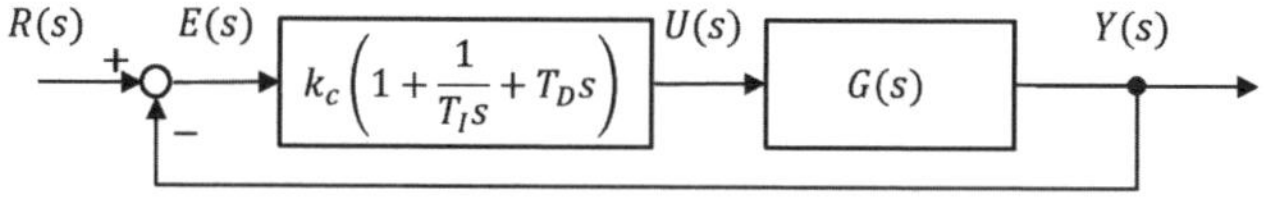

図 1.21　PID 制御系のブロック線図

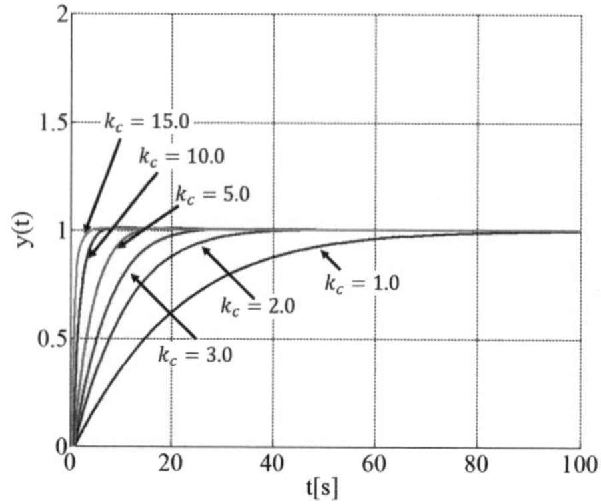

図 1.22　PID 制御による制御応答（ただし，$T_I = 10$[s], $T_D = 1.0$[s]）

作に対応づけられ，周波数領域で考えると，それぞれの動作は，ゲイン補償，位相遅れ補償，位相進み補償に対応づけられる．すなわち，フィードバック制御の基本動作として，比例動作（ゲイン補償）が用いられ，「0 型システム」に対する定常位置偏差を除去する目的で，積分動作（位相遅れ補償）が付加される．このとき，積分動作が加わったことで位相遅れが生じ，これによりオーバーシュートが生じたり，安定性の劣化が引き起こされる．そこで，微分動作（位相進み補償）により位相遅れを回復し，速応性や安定性の改善が図られるようになっている．

このように，PID 制御はその構造が簡単なうえに，各動作の物理的意味や役割が明確である．このことは，PID 制御が産業界では広く利用されている理由の一つであると考えられる．しかし，PID 制御における 3 つのパラメータ（k_c，T_I，T_D）の調整が制御性能を大きく左右するため，これらのパラメータの調整は重要である．これまでに，多くの調整法が提案されているので，PID パラメータの調整に際しては参考にされたい．

1.3.4　熱プロセスの温度制御

PID 制御系設計の設計手順を，実システムを対象としてまとめてみよう．ここでは，図 1.23 に示す熱プロセスを取り上げ，その温度制御について考える．この温度制御系をブロック線図で書いたものが図 1.24 である．この熱プロセスにおける制御目的は，ヒータから与える熱量を調整することで，制御対象であるアルミニウム A の温度を目標温度（区分的に一定）保持することである．図 1.24 を用いて，この制御系を説明すると，アルミニウム A の温度は熱電対によって計測され，その信号はコンピュータに送られる．この制御系はコンピュータを用いたディジタル制御系として構成されている．すなわち，コンピュータに信号が送られる際に，アナログ信号からディジタル信号に変化する必要があり，その役割を果たすものが A/D 変換器である．また，熱電対の出力信号（たとえば電圧）は温度によって変化するが，その変化は微小であるため，A/D 変換する前に増幅する必要があり，増幅器が挿入されている．コンピュータの中に制御則（ここでは PID 制御則）がアルゴリズムとして実装される．取り込まれた制御量と目標値により計算される制御偏差に基づいて，PID 制御則により操作量が算出される．この操作量は D/A 変換器によってアナログ信号に変換され，リレー（ここではソリッドステートリレー：SSR）によって，操作量の大きさに基づいてヒータの

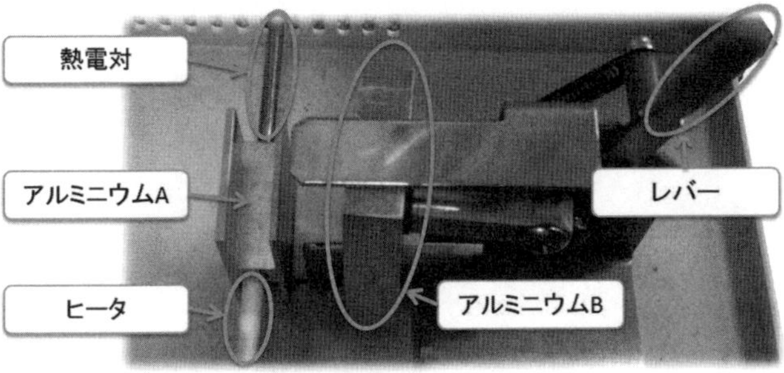

図 1.23 温度制御システム

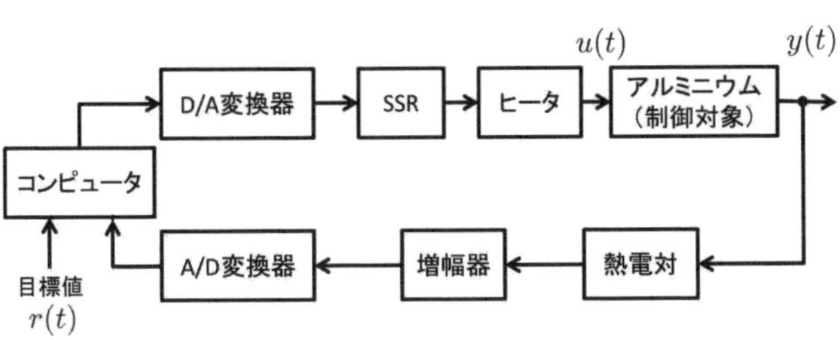

図 1.24 温度制御系の概要図

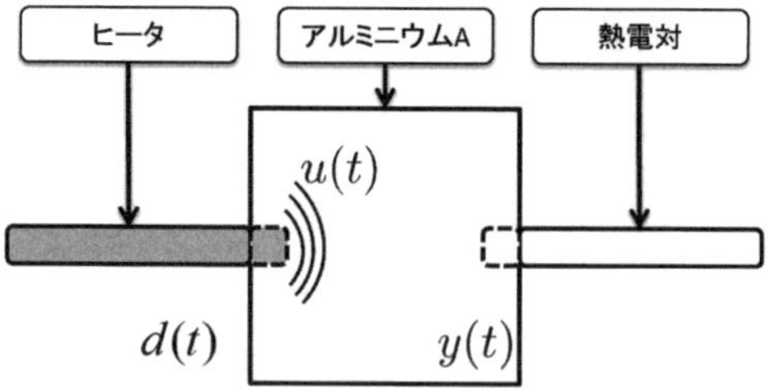

図 1.25　制御対象の概要図

ON/OFF が切り替えられる仕組みとなっている．なお，このシステムは，図 1.23 に示す「レバーの切り替え」により，アルミニウムの熱容量を変化させることができる（具体的にはアルミニウム B をアルミニウム A に付着させる）．

まず，この制御対象のモデリングを行う．図 1.25 に制御対象の概要図を示す．アルミニウムの温度を $y(t)$，ヒータからアルミニウムに与えられる熱量を $u(t)$，外界の温度を $d(t)$ とする．このとき，アルミニウムから外界に流れる熱量（熱流）は，$(y(t)-d(t))/R$ となる．ここで，R は熱抵抗を示している．熱収支に基づいて，制御対象の入出力関係は次式として与えられる．

$$u(t)-\frac{y(t)-d(t)}{R}=C\frac{d}{dt}y(t) \tag{1.68}$$

ここで，C はアルミニウムの熱容量を示している．簡単のために，ここでは $d(t)=0$ として，(1.68) 式をラプラス変換し，伝達関数を導出すると次式となる．

$$G(s)=\frac{R}{1+RCs}=\frac{K}{1+Ts} \tag{1.69}$$

実際には，入出力の間にむだ時間 L が存在するため，この制御対象の伝達関数は，次式として与えられる．

$$G(s)=\frac{K}{1+Ts}e^{-Ls} \tag{1.70}$$

(1.70) 式から，この制御対象は，「一次遅れ + むだ時間」系として捉えることができる．

つぎに，この制御対象の静特性を調べる．図 1.26 に静特性を示す．ただし，図中の $\bar{u}$ と $\bar{y}$ はそれぞれ，入力と出力の定常値を示している．図 1.26 から，本制御対象は若干の非線形性（飽和特性）を有しているものの，概ね線形系として扱えることがわかる．一方，動特性としてステップ応答を調べる．この制御対象に $u(t)=20$ としたステップ入力を与えるときのステップ応答を図 1.27 に示す．

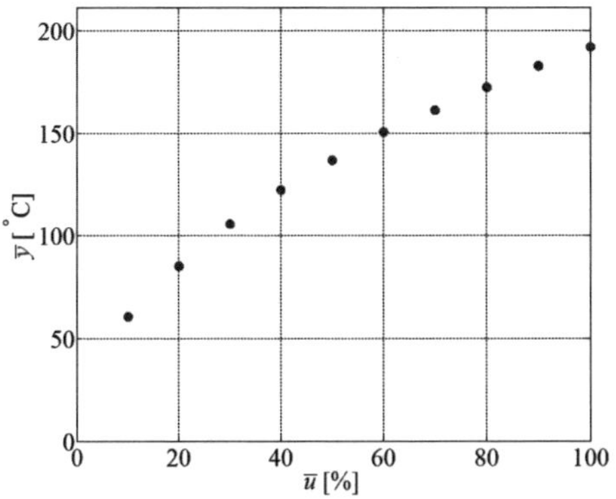

図 1.26　温度制御系の静特性

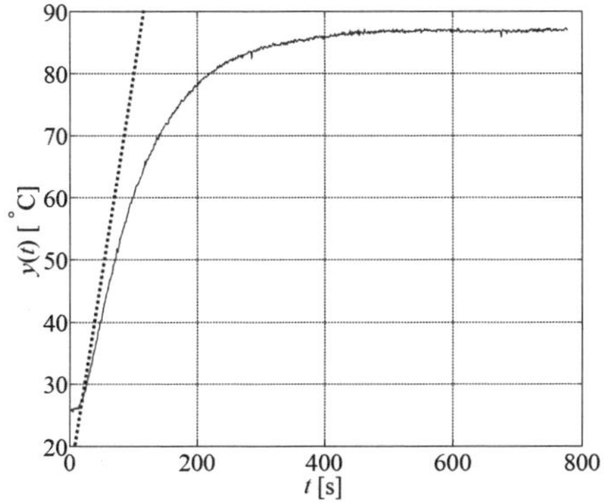

図 1.27　ステップ応答（ただし，$u(t) = 20$）

つぎに，このステップ応答から，(1.70) 式に含まれるシステムパラメータ（T, K, L）を算出する．制御量の初期値が 25.89[°C]，最終値が 87.24[°C] であり，操作量として $u(t) = 20$ を与えたことにより，システムゲインは

$$K = \frac{87.24 - 25.89}{20} = 3.07 \tag{1.71}$$

となる．一方，ステップ応答の最大勾配をもつ接線（図 1.27 の破線）を描き，これが時間軸と交わる点までの時間をむだ時間と近似することで，$L = 18.9$[s] が得られる．また，最終値の 63.2%（ここでは，初期値 25.89[°C] を考慮すると，64.70[°C]）に達するまでの時間を算出し，これから先のむだ時間を差し引くことで，$T = 116.0 - 18.9 = 97.1$[s] が算出できる．このように，ステップ応答から作図により簡単にシステムパラメータを算出することができる．もちろん，入出力

表 1.2　ZN 法と CHR 法の調整則

	k_c	T_I	T_D
ZN	$\dfrac{1.2T}{KL}$	$2L$	$0.5L$
CHR	$\dfrac{0.6T}{KL}$	T	$0.5L$

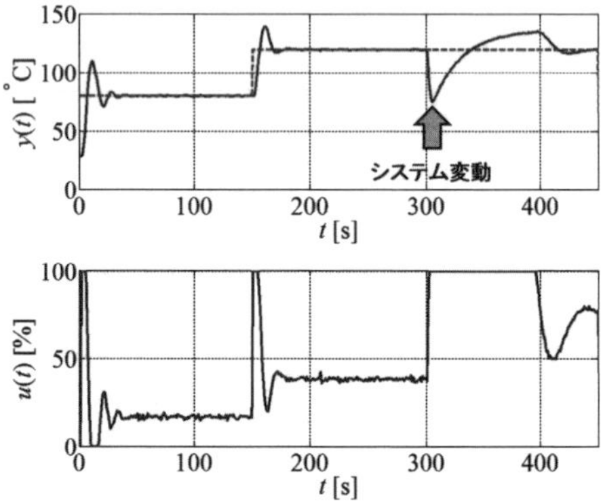

図 1.28　ZN 法による PID 制御結果（ただし，$k_c = 2.01$，$T_I = 37.8$，$T_D = 9.45$）

データから最小二乗法などによりシステム同定を行い，この結果からシステムパラメータを算出することもできる．

つぎに，上述のシステムパラメータに基づいて PID パラメータを算出する．前項でも述べたように，システムパラメータから PID パラメータを算出する調整則は数多く報告されているが，ここでは，表 1.2 に示す二つの方法（**Ziegler and Nichols**（ZN）**法**，および **Chien, Hrones and Reswick（CHR）法**（ただし，オーバーシュートなし））により算出される PID パラメータをもつ PID 制御則を適用する．

図 1.28 に ZN 法による制御結果を，図 1.29 に CHR 法による制御結果を示す．ただし，ZN 法による PID パラメータは，$k_c = 2.01$，$T_I = 37.8$，$T_D = 9.45$ であり，CHR 法による PID パラメータは $k_c = 1.00$，$T_I = 97.1$，$T_D = 9.45$ であった．また，150[s] で目標値を変更し，300[s] 以降はアルミニウム B を付着させることで，アルミニウムの熱容量を大きくした．さらに，操作量は，$0 \leq u(t) \leq 100$ として与えた．すなわち，この制限を超える操作量は，それぞれ上限値（100）と

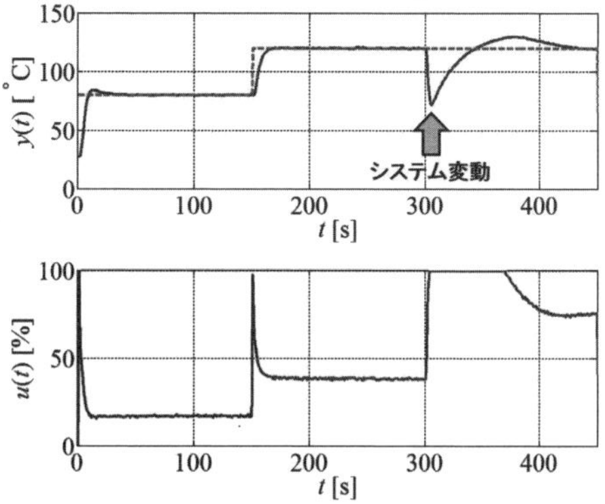

図 1.29 CHR 法による PID 制御結果（ただし，$k_c = 1.00$，$T_I = 97.1$，$T_D = 9.45$）

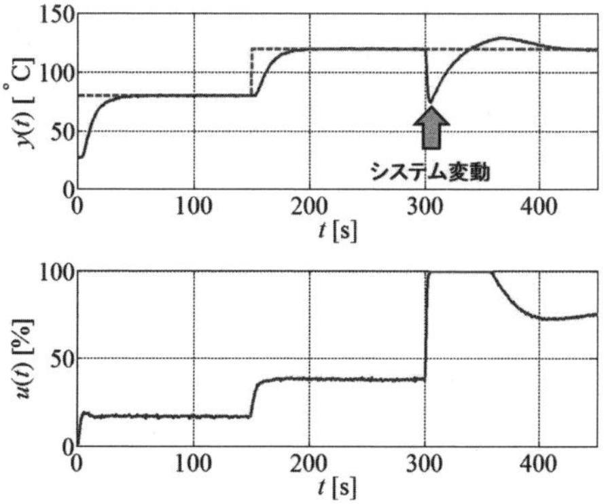

図 1.30 比例・微分先行型 PID 制御による制御結果（ただし，$k_c = 1.00$，$T_I = 97.1$，$T_D = 9.45$）

下限値 (0) に置き換えた．図 1.28 および図 1.29 からわかるように，ZN 法によると応答の立ち上がりが早いものの，オーバーシュートが生じている．一方，CHR 法によるとオーバーシュートがほとんど見られない制御結果となっている．ここで扱っているプロセス系などでは，オーバーシュートのない応答が望まれることが多く，そのような場合は，CHR 法が有効であるといえる．ただし，システム変動や外乱に対しては，これに対する修正動作が小さいため，目標値への回復に時間を要している．

ところで，図 1.28 および図 1.29 では，立ち上がり時に過大な操作量（操作量のキッキング）が生じていることがわかる．これは操作部に大きな衝撃を与えることを意味しており，実用上好ましくない場合も多く存在する．そのような場合は，PID 制御則を変形した次式により制御が行われることが多い．

$$u(t) = \frac{k_c}{T_I}\int_0^t e(\tau)d\tau - k_c\{y(t) + T_D\frac{d}{dt}y(t)\} \tag{1.72}$$

このような制御則は**比例・微分先行型 PID 制御則**，あるいは **I-PD 制御則**と呼ばれている．これによる制御結果を図 1.30 に示す，ただし，PID パラメータは，先の CHR 法により算出された値をそのまま用いた．図 1.30 から，立ち上がり時において過大な操作量が発生することなく，制御量が目標値に追従していることがわかる．

演 習 問 題

問題 1.1. 1.1.2 項の 3 つのフィードバック制御の例をブロック線図で表しなさい．

問題 1.2. 次式の関係が成り立つことを証明しなさい．

$$\mathcal{L}[e^{-\alpha t}] = \frac{1}{s+\alpha}$$

問題 1.3. 次式を逆ラプラス変換しなさい．

$$X(s) = \frac{K}{s^2+2s}$$

問題 1.4. 以下のブロック線図の伝達関数を求めなさい．なお，$U(s)$ を入力信号，$Y(s)$ を出力信号とする．

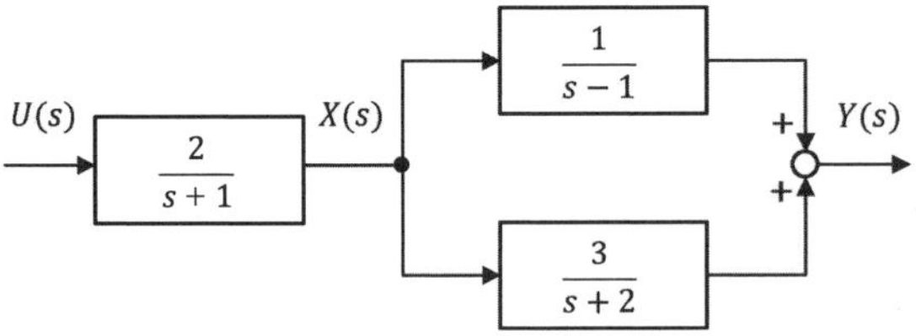

図 1.31 ブロック線図

問題 1.5. 以下のブロック線図の伝達関数を求めなさい．なお，$U(s)$ を入力信号，$Y(s)$ を出力信号とする．

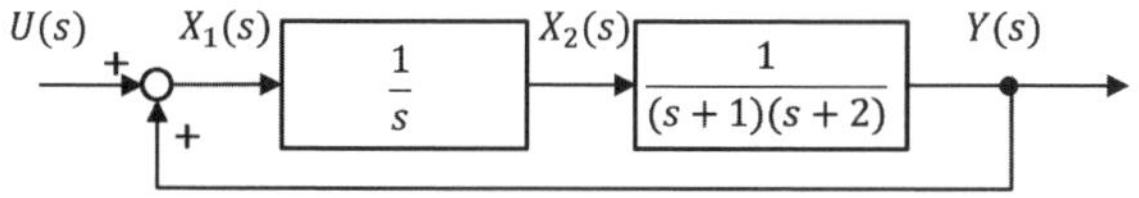

図 1.32 ブロック線図

問題 1.6. 次式のシステムの安定性をフルビッツの方法を用いて調べなさい.

$$G(s) = \frac{4s^2 + 24s + 45}{s^3 + 6s^2 + 12s + 9}$$

問題 1.7. 図 1.33 に示すフィードバック制御系を考える. ただし,

$$G(s) = \frac{0.5}{s(s+0.2)}e^{-2s} \qquad c(s) = k_c$$

である. このとき, 以下の問いに答えなさい.

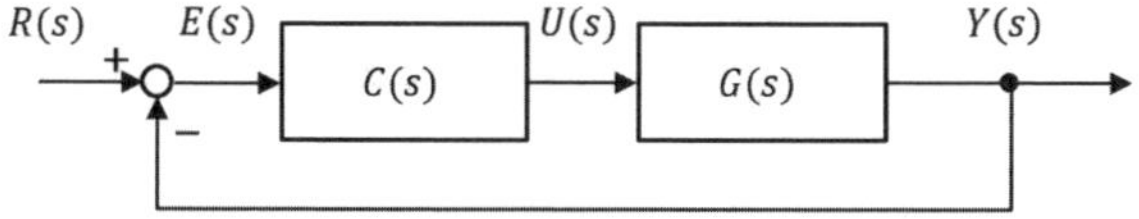

図 1.33 フィードバック制御系のブロック線図

(1) むだ時間を次式によるパディ近似するとき,

$$e^{-2s} \simeq \frac{1-s}{1+s}$$

このフィードバック制御系の閉ループ伝達関数を求めなさい.

(2) このフィードバック制御系が安定となる k_c の範囲を算出しなさい.

(3) $k_c = 0.1$ のときと $k_c = 0.5$ のときの定常位置偏差を求めなさい. ただし, 目標値は $r(t) = 10$ とする.

(4) このフィードバック制御系は何型システムであるか答えなさい.

2 状態空間表現におけるシステムモデリング

前章で紹介したPID制御をはじめとする古典制御理論では，対象とするシステムを伝達関数表現で表し，出力フィードバックに基づいて制御系を設計した．伝達関数表現は，s 領域における入出力信号の比を関数で表した，直感的にも理解しやすい表現方法であるが，以下のような制約をもつため，複雑なシステムを表現することが難しい．

- 入出力信号の関係のみを表しているため，システム内部の信号を考慮できない場合がある．
- 非線形システムを扱えない．

そこで，本章では伝達関数で表現しきれない複雑なシステムを扱うための表現法として，状態空間表現と呼ばれる伝達関数とは異なるシステムのモデリングについて述べる．

2.1 状態方程式と状態空間表現

前章で扱った，図1.5で表される RLC 直列回路について再度考えてみよう．

いま，出力 $y(t)$ と電流 $i(t)$ の関係は [▶ p.6]

$$y(t) = \frac{1}{C}\int_0^t i(\tau)d\tau \tag{2.1}$$

であり，また入力 $u(t)$ と電流 $i(t)$ の関係は，

$$L\frac{d}{dt}i(t) + Ri(t) + y(t) = u(t) \tag{2.2}$$

で与えられる．このとき，新たにシステムの内部変数として

$$x_1(t) := y(t), \qquad x_2(t) := \dot{y}(t)$$

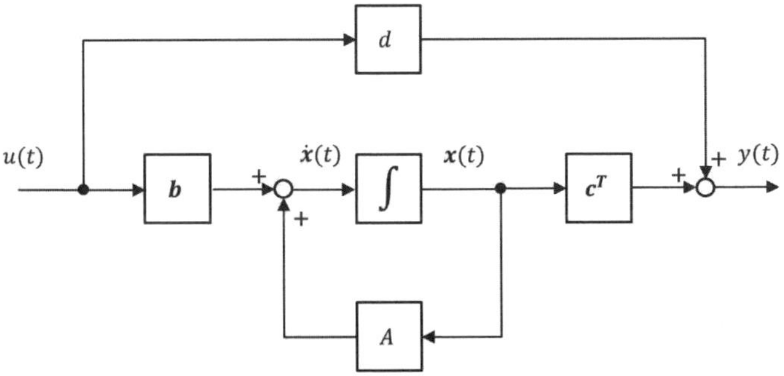

図 2.1　状態空間表現におけるブロック線図

を定義して，$x_1(t), x_2(t)$ を用いてシステムを表現すると，

$$\dot{x}_1(t) = \dot{y}(t) = x_2(t) \tag{2.3}$$

$$\dot{x}_2(t) = \ddot{y}(t) = -\frac{1}{LC}x_1(t) - \frac{R}{L}x_2(t) + \frac{1}{LC}u(t) \tag{2.4}$$

となる．よって，$\boldsymbol{x}(t) = [x_1(t), x_2(t)]^T$ とおいて，(2.3)，(2.4) 式をベクトルおよび行列を用いて書き換えると，システムは

$$\dot{\boldsymbol{x}}(t) = \begin{bmatrix} 0 & 1 \\ -\frac{1}{LC} & -\frac{R}{L} \end{bmatrix} \boldsymbol{x}(t) + \begin{bmatrix} 0 \\ \frac{1}{LC} \end{bmatrix} u(t) \tag{2.5}$$

$$y(t) = \begin{bmatrix} 1 & 0 \end{bmatrix} \boldsymbol{x}(t) \tag{2.6}$$

と表すことができる．このとき，$\boldsymbol{x}(t)$ を**状態ベクトル**（その要素 $x_1(t)$, $x_2(t)$ を**状態変数**）と呼び，(2.5)，(2.6) 式はそれぞれ，**状態方程式**，**出力方程式**と呼ばれる．なお，状態変数は，初期値が与えられたときに，システムの挙動を完全に決定するために必要な最小限の変数である．

一般に，状態ベクトルの次数が n 次である一入出力線形システム（例えば，n 階線形常微分方程式で表される一入出力システム）は，つぎのように表される（図 2.1 参照）．

$$\text{状態方程式：}\quad \dot{\boldsymbol{x}}(t) = A\boldsymbol{x}(t) + \boldsymbol{b}u(t) \tag{2.7}$$

$$\text{出力方程式：}\quad y(t) = \boldsymbol{c}^T\boldsymbol{x}(t) + du(t) \tag{2.8}$$

ただし，$\boldsymbol{x}(t) \in \boldsymbol{R}^n$,$u(t) \in \boldsymbol{R}$, $y(t) \in \boldsymbol{R}$ であり，$A \in \boldsymbol{R}^{n\times n}$ は定数行列，$\boldsymbol{b}, \boldsymbol{c} \in \boldsymbol{R}^n$ は定数ベクトル，$d \in \boldsymbol{R}$ はスカラーの定数である．

このように，状態変数を利用することで，システムを 1 階の連立微分方程式で

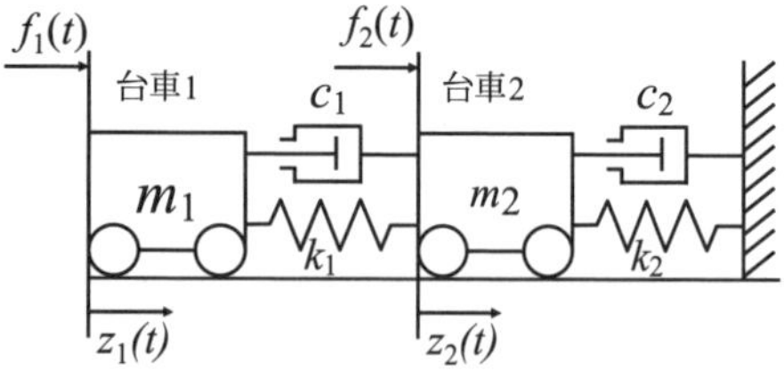

図 2.2　2 台の台車系

表現する方法を，**状態空間表現**と呼び，非線形システムなどの複雑なシステムも表現することができる．

例題 2.1 (多入出力システムの状態空間表現)**.** 図 2.2 の 2 台の台車系において，入力 $\boldsymbol{u}(t)=[u_1(t), u_2(t)]^T = [f_1(t), f_2(t)]^T$，出力 $\boldsymbol{y}(t)=[y_1(t), y_2(t)]^T = [z_1(t), z_2(t)]^T$ とする 2 入力 2 出力のシステムを状態空間表現で表しなさい．ただし，$k_i, c_i, m_i (i = 1, 2)$ はそれぞれ，ばねのばね定数，ダンパの粘性摩擦係数および台車の質量とする．

解）台車 1 に対する運動方程式を求めると

$$m_1\ddot{z}_1(t) = f_1(t) - k_1(z_1(t) - z_2(t)) - c_1(\dot{z}_1(t) - \dot{z}_2(t)) \tag{2.9}$$

を得る．一方，台車 2 の運動方程式は

$$\begin{aligned} m_2\ddot{z}_2(t) = f_2(t) &+ k_1(z_1(t) - z_2(t)) \\ &+c_1(\dot{z}_1(t) - \dot{z}_2(t)) - k_2 z_2(t) - c_2\dot{z}_2(t) \end{aligned} \tag{2.10}$$

を得る．

ここで，状態変数を

$$\boldsymbol{x}(t) = [x_1(t), x_2(t), x_3(t), x_4(t)]^T = [z_1(t), \dot{z}_1(t), z_2(t), \dot{z}_2(t)]^T$$

として，(2.9)，(2.10) 式を変形すると

$$\dot{x}_2(t) = -\frac{k_1}{m_1}x_1(t) - \frac{c_1}{m_1}x_2(t) + \frac{k_1}{m_1}x_3(t) + \frac{c_1}{m_1}x_4(t) + \frac{1}{m_1}f_1(t) \tag{2.11}$$

$$\dot{x}_4(t) = \frac{k_1}{m_2}x_1(t) + \frac{c_1}{m_2}x_2(t) - \frac{k_1+k_2}{m_2}x_3(t) - \frac{c_1+c_2}{m_2}x_4(t) + \frac{1}{m_2}f_2(t) \tag{2.12}$$

が得られる．したがって，システムを状態空間表現で表すと

$$\begin{bmatrix} \dot{x}_1(t) \\ \dot{x}_2(t) \\ \dot{x}_3(t) \\ \dot{x}_4(t) \end{bmatrix} = \begin{bmatrix} 0 & 1 & 0 & 0 \\ -\frac{k_1}{m_1} & -\frac{c_1}{m_1} & \frac{k_1}{m_1} & \frac{c_1}{m_1} \\ 0 & 0 & 0 & 1 \\ \frac{k_1}{m_2} & \frac{c_1}{m_2} & -\frac{k_1+k_2}{m_2} & -\frac{c_1+c_2}{m_2} \end{bmatrix} \begin{bmatrix} x_1(t) \\ x_2(t) \\ x_3(t) \\ x_4(t) \end{bmatrix}$$

$$+\begin{bmatrix} 0 & 0 \\ \frac{1}{m_1} & 0 \\ 0 & 0 \\ 0 & \frac{1}{m_2} \end{bmatrix} \begin{bmatrix} u_1(t) \\ u_2(t) \end{bmatrix} \tag{2.13}$$

$$\begin{bmatrix} y_1(t) \\ y_2(t) \end{bmatrix} = \begin{bmatrix} 1 & 0 & 0 & 0 \\ 0 & 0 & 1 & 0 \end{bmatrix} \begin{bmatrix} x_1(t) \\ x_2(t) \\ x_3(t) \\ x_4(t) \end{bmatrix} \tag{2.14}$$

を得る.

一般に，p 入力 q 出力で状態ベクトルの次数が n 次のシステムの状態空間表現は

$$状態方程式: \quad \dot{\boldsymbol{x}}(t) = A\boldsymbol{x}(t) + B\boldsymbol{u}(t) \tag{2.15}$$

$$出力方程式: \quad \boldsymbol{y}(t) = C\boldsymbol{x}(t) + D\boldsymbol{u}(t) \tag{2.16}$$

と表される．ただし，$\boldsymbol{x}(t) \in \boldsymbol{R}^n$,$\boldsymbol{u}(t) \in \boldsymbol{R}^p$, $\boldsymbol{y}(t) \in \boldsymbol{R}^q$ であり，$A \in \boldsymbol{R}^{n\times n}$, $B \in \boldsymbol{R}^{n\times p}$，$C \in \boldsymbol{R}^{q\times n}$，$D \in \boldsymbol{R}^{q\times p}$ なる行列である.

例題 2.2 (状態変数の変更). (2.5)，(2.6) 式で表されるシステムにおいて，状態変数を $x_1(t) = \int_0^t i(\tau)d\tau, x_2(t) = \dot{x}_1(t)$ としたとき，状態空間表現で表しなさい.

解）(2.1)，(2.2) 式に，$x_1(t) = \int_0^t i(\tau)d\tau, x_2(t) = \dot{x}_1(t)$ を代入すると

$$u(t) = Rx_2(t) + L\dot{x}_2(t) + \frac{1}{C}x_1(t) \tag{2.17}$$

$$y(t) = \frac{1}{C}x_1(t) \tag{2.18}$$

なので，状態空間表現は

$$\dot{\boldsymbol{x}}(t) = \begin{bmatrix} 0 & 1 \\ -\frac{1}{LC} & -\frac{R}{L} \end{bmatrix} \boldsymbol{x}(t) + \begin{bmatrix} 0 \\ \frac{1}{L} \end{bmatrix} u(t) \tag{2.19}$$

$$y(t) = \begin{bmatrix} \frac{1}{C} & 0 \end{bmatrix} \boldsymbol{x}(t) \tag{2.20}$$

で与えられる．この状態空間表現も，状態変数が異なるだけで同じシステムを表している.

状態空間表現では，内部の状態量を状態変数で表せるだけでなく，与えられた制御対象が制御可能かどうか（可制御性），また出力から内部の状態（状態量）を推定できるか（可観測性）といったシステムの構造を詳細に解析できる．可制御性，可観測性については次章で詳しく述べる.

2.2 状態方程式の解と遷移行列

システムを状態空間表現で表したとき，システムの特性，すなわち，内部状態である状態ベクトル $\boldsymbol{x}(t)$ の振る舞いを知るために，状態方程式の解を求めることが必要となる．

(2.15) 式で表される状態方程式の解は以下で求まる．

定理 2.1. 状態方程式

$$\dot{\boldsymbol{x}}(t) = A\boldsymbol{x}(t) + B\boldsymbol{u}(t)$$

において，$\boldsymbol{x}(t)$ の初期値を $\boldsymbol{x}(0) = \boldsymbol{x}_0$ とするとき，その解は

$$\boldsymbol{x}(t) = \boldsymbol{e}^{At}\boldsymbol{x}_0 + \int_0^t \boldsymbol{e}^{A(t-\tau)}B\boldsymbol{u}(\tau)d\tau \tag{2.21}$$

で求まる．

ここで，$\boldsymbol{e}^{At}$ は**遷移行列**と呼ばれ，以下のように定義される．

$$\boldsymbol{e}^{At} = I + At + \frac{1}{2!}A^2t^2 + \cdots + \frac{1}{k!}A^kt^k + \cdots \tag{2.22}$$

証明）いま，$\boldsymbol{e}^{At}$ を時間微分すると

$$\begin{aligned}\frac{d}{dt}\boldsymbol{e}^{At} &= A + A^2t + \frac{1}{2!}A^3t^2 + \cdots + \frac{1}{k!}A^{k+1}t^k + \cdots \\ &= A\left(I + At + \frac{1}{2!}A^2t^2 + \cdots + \frac{1}{k!}A^kt^k + \cdots\right) = A\boldsymbol{e}^{At}\end{aligned}$$

となるので，(2.21) 式の時間微分は，

$$\begin{aligned}\frac{d}{dt}\boldsymbol{x}(t) &= \frac{d}{dt}\left\{\boldsymbol{e}^{At}\left(\boldsymbol{x}_0 + \int_0^t \boldsymbol{e}^{A(-\tau)}B\boldsymbol{u}(\tau)d\tau\right)\right\} \\ &= A\boldsymbol{e}^{At}\left(\boldsymbol{x}_0 + \int_0^t \boldsymbol{e}^{A(-\tau)}B\boldsymbol{u}(\tau)d\tau\right) + \boldsymbol{e}^{At}(\boldsymbol{e}^{-At}B\boldsymbol{u}(t)) \\ &= A\Bigg(\underbrace{\boldsymbol{e}^{At}\boldsymbol{x}_0 + \int_0^t \boldsymbol{e}^{A(t-\tau)}B\boldsymbol{u}(\tau)d\tau}_{\boldsymbol{x}(t)}\Bigg) + B\boldsymbol{u}(t)\end{aligned}$$

$$= A\boldsymbol{x}(t) + B\boldsymbol{u}(t) \tag{2.23}$$

となる．また，初期値も $\boldsymbol{x}(0) = \boldsymbol{x}_0$ となり一致する．よって，元の状態方程式の解であることがわかる． (証明終)

なお，システムに入力を与えないとき，すなわち (2.21) 式において，$\boldsymbol{u}(t) = \boldsymbol{0}$ のときの応答

$$\boldsymbol{x}(t) = \boldsymbol{e}^{At}\boldsymbol{x}(0) \tag{2.24}$$

は**零入力応答**と呼ばれ，システムの初期状態からの自由応答を表している．

つぎに，遷移行列 $\boldsymbol{e}^{At}$ の計算方法を考えてみよう．$\boldsymbol{e}^{At}$ は行列の級数であるため直接求めるのは困難である．そこで，ラプラス変換を用いて計算することを考える．

システムの状態方程式を，$\boldsymbol{u}(t) = \boldsymbol{0}$ とした零入力システム

$$\dot{\boldsymbol{x}}(t) = A\boldsymbol{x}(t)$$

に対して，初期値を考慮したラプラス変換は

$$s\boldsymbol{X}(s) - \boldsymbol{x}(0) = A\boldsymbol{X}(s)$$

で求まるので，$\boldsymbol{X}(s)$ は

$$\boldsymbol{X}(s) = (sI - A)^{-1}\boldsymbol{x}(0)$$

となる．これを，逆ラプラス変換すると

$$\boldsymbol{x}(t) = \mathcal{L}^{-1}[(sI - A)^{-1}]\boldsymbol{x}(0)$$

と，零入力システムの時間応答 $\boldsymbol{x}(t)$ が得られる．上式を (2.24) 式と比較すると，

$$\boldsymbol{e}^{At} = \mathcal{L}^{-1}[(sI - A)^{-1}] \tag{2.25}$$

が得られる．したがって，遷移行列 $\boldsymbol{e}^{At}$ の計算が可能となる．

例題 2.3. 状態方程式が以下で与えられるとき，システムの初期値が $\boldsymbol{x}(0) = [1, 1]^T$ のとき，$u(t) = 0$ の零入力応答求めなさい．

$$\dot{\boldsymbol{x}}(t) = \begin{bmatrix} 0 & 1 \\ -2 & -3 \end{bmatrix} \boldsymbol{x}(t) + \begin{bmatrix} 0 \\ 1 \end{bmatrix} u(t) \tag{2.26}$$

$$y(t) = \begin{bmatrix} 1 & -1 \end{bmatrix} \boldsymbol{x}(t) \tag{2.27}$$

解）まず，遷移行列 $\boldsymbol{e}^{At}$ を求める．(2.25) 式より，

$$\boldsymbol{e}^{At} = \mathcal{L}^{-1}[(sI - A)^{-1}]$$

$$= \mathcal{L}^{-1}\left[\begin{bmatrix} s & -1 \\ 2 & s+3 \end{bmatrix}^{-1}\right] = \mathcal{L}\left[\frac{1}{(s+1)(s+2)}\begin{bmatrix} s+3 & 1 \\ -2 & s \end{bmatrix}\right]$$

となり，部分分数分解をして逆ラプラス変換を求めると [▶ p.8]

$$= \mathcal{L}^{-1}\left[\frac{1}{(s+1)}\begin{bmatrix} 2 & 1 \\ -2 & -1 \end{bmatrix} + \frac{1}{(s+2)}\begin{bmatrix} -1 & -1 \\ 2 & 2 \end{bmatrix}\right]$$

$$= \begin{bmatrix} 2e^{-t} - e^{-2t} & e^{-t} - e^{-2t} \\ -2e^{-t} + 2e^{-2t} & -e^{-t} + 2e^{-2t} \end{bmatrix} \quad (t > 0) \tag{2.28}$$

となる．したがって，零入力応答は

$$\begin{aligned} \boldsymbol{x}(t) &= \boldsymbol{e}^{At}\boldsymbol{x}(0) \\ &= \begin{bmatrix} 2e^{-t} - e^{-2t} & e^{-t} - e^{-2t} \\ -2e^{-t} + 2e^{-2t} & -e^{-t} + 2e^{-2t} \end{bmatrix}\begin{bmatrix} 1 \\ 1 \end{bmatrix} \\ &= \begin{bmatrix} 3e^{-t} - 2e^{-2t} \\ -3e^{-t} + 4e^{-2t} \end{bmatrix} \end{aligned}$$

となる．

2.3 状態空間表現と伝達関数

つぎに，状態空間表現と伝達関数の関係について考えてみよう．いま，一入出力システムにおいて，(2.7)，(2.8) 式で表されるシステムの状態空間表現と伝達関数 $G(s)$ は以下の関係をもつ．

定理 2.2. 一入出力システムが任意の n 次 の状態ベクトル $\boldsymbol{x}(t)$ を用いて

$$\dot{\boldsymbol{x}}(t) = A\boldsymbol{x}(t) + \boldsymbol{b}u(t) \tag{2.29}$$

$$y(t) = \boldsymbol{c}^T\boldsymbol{x}(t) + du(t) \tag{2.30}$$

で表されるとき，このシステムの伝達関数 $G(s)$ は

$$G(s) = \boldsymbol{c}^T(sI - A)^{-1}\boldsymbol{b} + d \tag{2.31}$$

で求まる．ここで，$I \in \boldsymbol{R}^{n\times n}$ は単位行列であり，$A \in \boldsymbol{R}^{n\times n}$，$\boldsymbol{b}, \boldsymbol{c} \in \boldsymbol{R}^n$，$d \in \boldsymbol{R}$ である．

証明）伝達関数は s 領域での入出力関係を表すため，(2.29)，(2.30) 式を各変数の初期状態が 0 としてラプラス変換を行う．ここで，行列のラプラス変換は各要素のラプラス変換なので，

$$s\boldsymbol{X}(s) = A\boldsymbol{X}(s) + \boldsymbol{b}U(s) \tag{2.32}$$

$$Y(s) = \boldsymbol{c}^T\boldsymbol{X}(s) + dU(s) \tag{2.33}$$

となる．(2.32) 式を A が行列であることに注意して，$\boldsymbol{X}(s)$ を求めると，

$$\boldsymbol{X}(s) = (sI - A)^{-1}\boldsymbol{b}U(s) \tag{2.34}$$

が求まり，これを (2.33) 式に代入すると

$$Y(s) = \{\boldsymbol{c}^T(sI - A)^{-1}\boldsymbol{b} + d\}U(s) \tag{2.35}$$

が求まる，したがって (2.35) 式より

$$G(s) = \frac{Y(s)}{U(s)} = \boldsymbol{c}^T(sI - A)^{-1}\boldsymbol{b} + d \tag{2.36}$$

となり，(2.31) 式が求まる．　（証明終）

2.4　実現問題と最小実現

2.4.1　実　現　問　題

前項では，状態空間表現から伝達関数を求める方法を学んだが，本項では逆に伝達関数から状態空間表現を求めることを考える．これまでの項で説明したように，システムの伝達関数は一意に定まるが状態空間表現は状態変数の選び方によりさまざまな形で状態空間表現を求めることができる．すなわち一つのシステムに対して，状態変数の選び方いかんでは，設計者が利用しやすい形にも利用しにくい形にも変換することが可能であるといえる．

このように，与えられた伝達関数から任意の状態空間表現を求めることを**実現問題**といい，得られた状態空間表現を伝達関数の**実現**と呼ぶ．

制御系設計において代表的な実現の求め方の一例を示そう．

いま，以下の n 次の伝達関数で表されるシステムの実現問題を考える．

$$G(s) = \frac{b_n s^{n-1} + b_{n-1}s^{n-2} + \cdots + b_2 s + b_1}{s^n + a_n s^{n-1} + \cdots + a_2 s + a_1} \tag{2.37}$$

ここで，伝達関数 $G(s) = \dfrac{N(s)}{D(s)}$ を分母多項式 $D(s)$ と分子多項式 $N(s)$ に分けて考え，

$$Z(s) = \frac{1}{D(s)} U(s) \tag{2.38}$$

と定義すると，システムは

$$\begin{aligned} Y(s) &= G(s)U(s) = N(s)\frac{1}{D(s)}U(s) \\ &= N(s)Z(s) \end{aligned} \tag{2.39}$$

と表すことができる．

また，(2.38) 式から $D(s)Z(s) = U(s)$ なので，

$$s^n Z(s) + a_n s^{n-1} Z(s) + \cdots + a_2 s Z(s) + a_1 Z(s) = U(s) \tag{2.40}$$

と展開でき，これを逆ラプラス変換すると，

$$z^{(n)}(t) + a_n z^{(n-1)}(t) + \cdots + a_2 \dot{z}(t) + a_1 z(t) = u(t) \tag{2.41}$$

となり，$z(t)$ と入力 $u(t)$ の関係性を表す微分方程式が得られる．ここで，$z(t)$ は $Z(s)$ の逆ラプラス変換 $z(t) = \mathcal{L}^{-1}[Z(s)]$ である．

一方，(2.39) 式を展開すると

$$Y(s) = b_n s^{n-1} Z(s) + b_{n-1} s^{n-2} Z(s) + \cdots + b_2 s Z(s) + b_1 Z(s) \tag{2.42}$$

なので，同様に逆ラプラス変換すると，

$$y(t) = b_n z^{(n-1)}(t) + b_{n-1} z^{(n-2)}(t) + \cdots + b_2 \dot{z}(t) + b_1 z(t) \tag{2.43}$$

と，出力 $y(t)$ と $z(t)$ の関係性を示す微分方程式が得られる．

(2.41)，(2.43) 式より，入力 $u(t)$，出力 $y(t)$ は $z(t)$ を介して表されることから，状態変数を $\boldsymbol{x}(t) = [x_1(t),\ x_2(t), \cdots,\ x_n(t)]^T = [z(t),\ \dot{z}(t), \cdots,\ z^{(n-1)}(t)]^T$ とおいて変換すると，伝達関数 $G(s)$ の実現は

$$\begin{bmatrix} \dot{x}_1(t) \\ \vdots \\ \dot{x}_{n-1}(t) \\ \dot{x}_n(t) \end{bmatrix} = \begin{bmatrix} 0 & 1 & \cdots & 0 \\ \vdots & \vdots & \ddots & \vdots \\ 0 & 0 & \cdots & 1 \\ -a_1 & -a_2 & \cdots & -a_n \end{bmatrix} \begin{bmatrix} x_1(t) \\ \vdots \\ x_{n-1}(t) \\ x_n(t) \end{bmatrix} + \begin{bmatrix} 0 \\ \vdots \\ 0 \\ 1 \end{bmatrix} u(t) \tag{2.44}$$

$$y(t) = \begin{bmatrix} b_1 & b_2 & \cdots & b_n \end{bmatrix} \begin{bmatrix} x_1(t) \\ \vdots \\ x_{n-1}(t) \\ x_n(t) \end{bmatrix} \tag{2.45}$$

で与えられる．このような実現を**可制御正準形**と呼ぶ．なお，ある伝達関数に対するシステムの実現は，状態変数の選び方により無数に存在する．

いま，ある伝達関数の実現である (2.29)，(2.30) 式を正則な n 次の行列 T を用いて，$\bar{\boldsymbol{x}}(t) = T\boldsymbol{x}(t)$ で変数変換することを考える．

$$\boldsymbol{x}(t) = T^{-1}\bar{\boldsymbol{x}}(t) \tag{2.46}$$

より，(2.46) 式を (2.29)，(2.30) 式に代入してまとめると，$\bar{\boldsymbol{x}}(t)$ を状態ベクトルとする

$$\begin{aligned} \dot{\bar{\boldsymbol{x}}}(t) &= \bar{A}\bar{\boldsymbol{x}}(t) + \bar{\boldsymbol{b}}u(t) \\ &= TAT^{-1}\bar{\boldsymbol{x}}(t) + T\boldsymbol{b}u(t) \end{aligned} \tag{2.47}$$

$$\begin{aligned} y(t) &= \bar{\boldsymbol{c}}^T\bar{\boldsymbol{x}}(t) + du(t) \\ &= \boldsymbol{c}^T T^{-1}\bar{\boldsymbol{x}}(t) + du(t) \end{aligned} \tag{2.48}$$

と変換することができる．いま，$(A, \boldsymbol{b}, \boldsymbol{c}^T, d)$ で表されるシステム (2.29)，(2.30) も $(\bar{A}, \bar{\boldsymbol{b}}, \bar{\boldsymbol{c}}^T, d)$ で表されるシステム (2.47)，(2.48) も，その伝達関数は同じになることから，同じシステムの実現である．このような変換を**正則変換**と呼び，伝達関数の実現は正則な行列を用いて，任意の状態変数をもつ実現に変換できることが知られている．

なお，制御工学では，先に述べた可制御正準形のように設計者の利用しやすいような実現（正準形）に変換したうえで制御系設計を行うことが多く，さまざまな正準形が存在する．可制御正準形も含めた各種正準形の説明については次章で詳しく説明する． [▶ p.48]

例題 2.4. 正則変換した状態空間表現により得られたシステム (2.47)，(2.48) の伝達関数表現が (2.36) 式となることを示しなさい．

解）正則変換した $(\bar{A}, \bar{\boldsymbol{b}}, \bar{\boldsymbol{c}}^T, d)$ を用いて伝達関数を求めると，

$$\begin{aligned} \bar{G}(s) &= \bar{\boldsymbol{c}}^T(sI - \bar{A})^{-1}\bar{\boldsymbol{b}} + d \\ &= \boldsymbol{c}^T T^{-1}(sI - TAT^{-1})^{-1}T\boldsymbol{b} + d \end{aligned}$$

$$= \boldsymbol{c}^T T^{-1}(T(sI - A)T^{-1})^{-1} T\boldsymbol{b} + d \tag{2.49}$$

となる．ここで，逆行列の性質より，$(T(sI-A)T^{-1})^{-1} = T(sI-A)^{-1}T^{-1}$ なので，

$$\begin{aligned}\bar{G}(s) &= \boldsymbol{c}^T T^{-1} T(sI - A)^{-1} T^{-1} T\boldsymbol{b} + d \\ &= \boldsymbol{c}^T (sI - A)^{-1}\boldsymbol{b} + d = G(s)\end{aligned}$$

となり，(2.36) 式が得られる．

2.4.2 最小実現

いま，以下の伝達関数で表されるシステムを考えてみよう．

$$G(s) = \frac{2s+1}{s^2+3s+1} \tag{2.50}$$

このシステムの実現として，システムの可制御正準形を求めると (2.44)，(2.45) 式より，

$$\begin{bmatrix} \dot{x}_1(t) \\ \dot{x}_2(t) \end{bmatrix} = \begin{bmatrix} 0 & 1 \\ -1 & -3 \end{bmatrix} \begin{bmatrix} x_1(t) \\ x_2(t) \end{bmatrix} + \begin{bmatrix} 0 \\ 1 \end{bmatrix} u(t) \tag{2.51}$$

$$y(t) = \begin{bmatrix} 1 & 2 \end{bmatrix} \begin{bmatrix} x_1(t) \\ x_2(t) \end{bmatrix} \tag{2.52}$$

と求まる．

つぎに，つぎの状態空間表現されたシステムを考えてみよう．

$$\begin{bmatrix} \dot{x}_1(t) \\ \dot{x}_2(t) \\ \dot{x}_3(t) \end{bmatrix} = \begin{bmatrix} 0 & 1 & 0 \\ -1 & -3 & 0 \\ 0 & -1 & -2 \end{bmatrix} \begin{bmatrix} x_1(t) \\ x_2(t) \\ x_3(t) \end{bmatrix} + \begin{bmatrix} 0 \\ 1 \\ 2 \end{bmatrix} u(t) \tag{2.53}$$

$$y(t) = \begin{bmatrix} 0 & 0 & 1 \end{bmatrix} \begin{bmatrix} x_1(t) \\ x_2(t) \\ x_3(t) \end{bmatrix} \tag{2.54}$$

このシステムの伝達関数を求めると

$$\begin{aligned}G(s) &= \boldsymbol{c}^T (sI - A)^{-1}\boldsymbol{b} \\ &= \begin{bmatrix} 0 & 0 & 1 \end{bmatrix} \left(sI - \begin{bmatrix} 0 & 1 & 0 \\ -1 & -3 & 0 \\ 0 & -1 & -2 \end{bmatrix} \right)^{-1} \begin{bmatrix} 0 \\ 1 \\ 2 \end{bmatrix}\end{aligned}$$

$$= \frac{2s+1}{s^2+3s+1} \tag{2.55}$$

となり，(2.50) 式と同じになる．このことから，(2.53)，(2.54) 式の状態空間表現もまた，伝達関数 (2.50) の実現の一つであるといえる．

このように，システムの実現は無数に存在するが，実現の中で状態変数の次数が最も最小である実現を**最小実現**といい，これは伝達関数で表されたシステムを状態空間表現するのに最低限必要な状態変数で構成された実現であり，最小実現の状態変数の次数は伝達関数の分母多項式の次数と同じである．なお，最小実現は，次章で述べる可制御・可観測性に密接に関連している．

演 習 問 題

問題 2.1. 図 1.6 の質量–ばね–ダンパ系において，状態変数を $\boldsymbol{x}(t)=[x_1, x_2]^T = [y(t), \dot{y}(t)]^T$ としたときの状態空間表現を求めなさい． [▶ p.6]

問題 2.2. RLC 直列回路システムを異なる状態変数で表現した，(2.5)，(2.6) 式の状態空間表現と (2.19)，(2.20) 式の状態空間表現を伝達関数に変換し，一致することを確認しなさい．

問題 2.3. 例題 2.3 のシステムにおいて単位ステップ応答を求めなさい．

問題 2.4. (2.55) 式の式展開を示しなさい．

3 システムの構造と安定性

制御するうえで事前にシステムの構造を把握することは非常に重要である．そこで，本章ではこれまでに学んできた状態空間表現におけるシステムの性質（可制御性・可観測性）ならびにシステムの安定性を調べる方法について述べる．

3.1 可制御性と可観測性

3.1.1 可 制 御 性

状態方程式が次式で与えられるシステムを考えよう．

$$\dot{\boldsymbol{x}}(t) = \begin{bmatrix} 1 & 0 \\ 0 & 1 \end{bmatrix} \boldsymbol{x}(t) + \begin{bmatrix} 0 \\ 1 \end{bmatrix} u(t) \tag{3.1}$$

ただし，$\boldsymbol{x}(t) = [x_1(t)\ x_2(t)]^T$ である．このとき，状態変数 $x_1(t)$ と $x_2(t)$ はそれぞれ，

$$\dot{x}_1(t) = x_1(t) \tag{3.2}$$

$$\dot{x}_2(t) = x_2(t) + u(t) \tag{3.3}$$

と表され，入力 $u(t)$ は状態変数 $x_1(t)$ に影響を与えないことがわかる．したがって，入力 $u(t)$ をどのように操作しても，状態変数 $x_1(t)$ を制御することはできない．つぎに，状態方程式が次式で与えられる場合を考える．

$$\dot{\boldsymbol{x}}(t) = \begin{bmatrix} 1 & 1 \\ 0 & 1 \end{bmatrix} \boldsymbol{x}(t) + \begin{bmatrix} 0 \\ 1 \end{bmatrix} u(t) \tag{3.4}$$

同様に，状態変数 $x_1(t)$ と $x_2(t)$ をそれぞれ表すと，

$$\dot{x}_1(t) = x_1(t) + x_2(t) \tag{3.5}$$

$$\dot{x}_2(t) = x_2(t) + u(t) \tag{3.6}$$

となる．この場合，入力 $u(t)$ が状態変数 $x_2(t)$ に影響を与えることは明らかである．これに対して，入力 $u(t)$ は状態変数 $x_1(t)$ に影響を与えないように見える．しかし，(3.5) 式には，入力 $u(t)$ の影響を受ける $x_2(t)$ が含まれているため，状態変数 $x_1(t)$ は間接的に入力 $u(t)$ の影響を受ける．このように，入力 $u(t)$ により状態ベクトル $\boldsymbol{x}(t)$ を制御できるかできないかを表す性質を**可制御性**という．

いま，次式で与えられる n 次の線形システムを考えよう．

$$\begin{aligned} \dot{\boldsymbol{x}}(t) &= A\boldsymbol{x}(t) + B\boldsymbol{u}(t) \\ \boldsymbol{y}(t) &= C\boldsymbol{x}(t) \end{aligned} \tag{3.7}$$

このとき，可制御性はつぎのように定義される．

定義 3.1 (可制御性)**.** (3.7) 式で表されるシステムにおいて，時刻 0 における初期状態が $\boldsymbol{x}(0) = \boldsymbol{x}_0$ で与えられたとき，任意の時刻 $t \geq 0$ において状態ベクトル $\boldsymbol{x}(t)$ を原点 $\boldsymbol{x} = \boldsymbol{0}$ へ移動させる入力 $u(\tau)(0 \leq \tau \leq t)$ が存在するならば，そのシステムは**可制御**であるという．

あるシステムが可制御かどうかを判別するためには，以下に示す可制御行列 M_c を調べればよい．

定理 3.1 (可制御性の判別)**.** (3.7) 式のシステムが可制御であるための必要十分条件は，

$$M_c := \begin{bmatrix} B & AB & A^2B & \cdots & A^{n-1}B \end{bmatrix} \tag{3.8}$$

と定義するとき，

$$\text{rank } M_c = n \tag{3.9}$$

となることである．このとき M_c を可制御行列と呼ぶ．

ここで，次式で表される n 次一入出力系について考えてみよう．

$$\begin{aligned} \dot{\boldsymbol{x}}(t) &= A\boldsymbol{x}(t) + \boldsymbol{b}u(t) \\ y(t) &= \boldsymbol{c}^T\boldsymbol{x}(t) \end{aligned} \tag{3.10}$$

ここに，$A \in \boldsymbol{R}^{n\times n}$，$\boldsymbol{b}, \boldsymbol{c} \in \boldsymbol{R}^n$ である．したがって，(3.8) の可制御行列 M_c は

$$M_c = \begin{bmatrix} \boldsymbol{b} & A\boldsymbol{b} & A^2\boldsymbol{b} & \cdots & A^{n-1}\boldsymbol{b} \end{bmatrix} \in \boldsymbol{R}^{n\times n} \tag{3.11}$$

として求められるため正方行列となる．この場合，M_c がフルランク ($\mathrm{rank}\, M_c = n$) であれば $\det\, M_c \neq 0$ であることから，一入出力系の場合はシステムが可制御となる必要十分条件は

$$\det\, M_c \neq 0 \tag{3.12}$$

としても与えられる．

例題 3.1. システム (3.13) の可制御性を調べなさい．

$$\begin{aligned} \dot{\boldsymbol{x}}(t) &= \begin{bmatrix} -1 & 1 \\ 3 & -2 \end{bmatrix} \boldsymbol{x}(t) + \begin{bmatrix} -2 \\ 3 \end{bmatrix} u(t) \\ y(t) &= \begin{bmatrix} -1 & 1 \end{bmatrix} \boldsymbol{x}(t) \end{aligned} \tag{3.13}$$

解）まず，可制御行列 M_c を求める．(3.13) 式のシステムは二次系であるので，可制御行列 M_c は，

$$M_c = \begin{bmatrix} \boldsymbol{b} & A\boldsymbol{b} \end{bmatrix} \tag{3.14}$$

となる．$A\boldsymbol{b}$ を求めると，

$$A\boldsymbol{b} = \begin{bmatrix} -1 & 1 \\ 3 & -2 \end{bmatrix} \begin{bmatrix} -2 \\ 3 \end{bmatrix} = \begin{bmatrix} 5 \\ -12 \end{bmatrix} \tag{3.15}$$

となるので，(3.14) 式に代入すると，

$$M_c = \begin{bmatrix} -2 & 5 \\ 3 & -12 \end{bmatrix} \tag{3.16}$$

となる．(3.16) 式の行列式は，

$$\det\, M_c = \begin{vmatrix} -2 & 5 \\ 3 & -12 \end{vmatrix} = 9 \neq 0 \tag{3.17}$$

となる．したがって，(3.13) 式のシステムは可制御である．

3.1.2 可 観 測 性

状態空間表現が次式で与えられるシステムを考える．

$$\begin{aligned} \dot{\boldsymbol{x}}(t) &= \begin{bmatrix} 1 & 0 \\ 0 & 1 \end{bmatrix} \boldsymbol{x}(t) + \begin{bmatrix} 1 \\ 1 \end{bmatrix} u(t) \\ y(t) &= \begin{bmatrix} 0 & 1 \end{bmatrix} \boldsymbol{x}(t) \end{aligned} \tag{3.18}$$

ただし，$\boldsymbol{x}(t) = [x_1(t)\ x_2(t)]^T$ である．(3.18) 式の出力方程式より，出力 $y(t)$ と状態変数 $x_1(t)$ と $x_2(t)$ の関係は，

$$y(t) = x_2(t) \tag{3.19}$$

となり，出力 $y(t)$ から状態変数 $x_1(t)$ を知ることはできないことがわかる．

つぎに，次式で与えられる状態空間表現を考える．

$$\begin{aligned} \dot{\boldsymbol{x}}(t) &= \begin{bmatrix} 1 & 0 \\ 1 & 1 \end{bmatrix} \boldsymbol{x}(t) + \begin{bmatrix} 1 \\ 1 \end{bmatrix} u(t) \\ y(t) &= \begin{bmatrix} 0 & 1 \end{bmatrix} \boldsymbol{x}(t) \end{aligned} \tag{3.20}$$

一見，出力方程式は (3.18) 式と同じであるため，出力変数 $y(t)$ から状態変数 $x_1(t)$ を知ることはできないように思える．しかし，状態方程式を見てみると，

$$\dot{x}_1(t) = x_1(t) + u(t) \tag{3.21}$$

$$\dot{x}_2(t) = x_1(t) + x_2(t) + u(t) \tag{3.22}$$

となり，状態変数 $x_2(t)$ には状態変数 $x_1(t)$ が含まれていることがわかる．つまり，状態変数 $x_2(t)$ を知ることができれば，間接的に状態変数 $x_1(t)$ を知ることができる．このように，出力変数 $y(t)$ から状態ベクトル $\boldsymbol{x}(t)$ を知ることができるかできないかを表す性質を**可観測性**という．

可観測性はつぎのように定義される．

定義 3.2 (可観測性)**.** (3.7) 式で与えられるシステムにおいて，任意の有限時間 $(0 \leq \tau \leq t)$ で，観測した出力 $y(\tau)$ から，状態ベクトルの初期状態 $\boldsymbol{x}(0)$ を知ることできるとき，そのシステムは**可観測**であるという．

システムが可観測かどうかを判別するためには，以下に示す可観測行列 M_o を調べればよい．

定理 3.2 (可観測性の判別)**.** (3.7) 式のシステムが可観測であるための必要十分条件は，

$$M_o := \begin{bmatrix} C \\ CA \\ CA^2 \\ \vdots \\ CA^{n-1} \end{bmatrix} \tag{3.23}$$

と定義するとき,

$$\text{rank } M_o = n \tag{3.24}$$

となることである．このとき，M_o を**可観測行列**と呼ぶ.

ここで，(3.10) 式で表される一入出力系について考える．可制御性と同様に，この場合の可観測行列 M_o は

$$M_o := \begin{bmatrix} \boldsymbol{c}^T \\ \boldsymbol{c}^T A \\ \boldsymbol{c}^T A^2 \\ \vdots \\ \boldsymbol{c}^T A^{n-1} \end{bmatrix} \tag{3.25}$$

となり，正方行列となるため，システムが可観測となる必要十分条件は

$$\det M_o \neq 0 \tag{3.26}$$

としても与えられる.

例題 3.2. つぎのシステム (3.27) の可観測性を調べなさい.

$$\begin{aligned} \dot{\boldsymbol{x}}(t) &= \begin{bmatrix} 1 & 2 \\ 2 & -2 \end{bmatrix} \boldsymbol{x}(t) + \begin{bmatrix} 1 \\ -1 \end{bmatrix} u(t) \\ y(t) &= \begin{bmatrix} 4 & 2 \end{bmatrix} \boldsymbol{x}(t) \end{aligned} \tag{3.27}$$

解）まず，可観測行列 M_o を求める．(3.27) 式のシステムは二次系であるので，可観測行列 M_o は,

$$M_o = \begin{bmatrix} \boldsymbol{c}^T \\ \boldsymbol{c}^T A \end{bmatrix} \tag{3.28}$$

となる．$\boldsymbol{c}^T A$ を求めると,

$$\boldsymbol{c}^T A = \begin{bmatrix} 4 & 2 \end{bmatrix} \begin{bmatrix} 1 & 2 \\ 2 & -2 \end{bmatrix} = \begin{bmatrix} 8 & 4 \end{bmatrix} \tag{3.29}$$

となるので，(3.28) 式に代入すると，

$$M_o = \begin{bmatrix} 4 & 2 \\ 8 & 4 \end{bmatrix} \tag{3.30}$$

となる．(3.30) 式の行列式は，

$$\det M_o = \begin{vmatrix} 4 & 2 \\ 8 & 4 \end{vmatrix} = 0 \tag{3.31}$$

となる．よって，(3.27) 式のシステムは可観測でない．

3.1.3　双　対　性

前項までに，システムの可制御性・可観測性について説明してきたが，可制御性と可観測性には双対な性質がある．ここではその性質について説明する．

以下に示す二つのシステムを考える．

$$\begin{aligned} \dot{\boldsymbol{x}}(t) &= A\boldsymbol{x}(t) + B\boldsymbol{u}(t) \\ \boldsymbol{y}(t) &= C\boldsymbol{x}(t) \end{aligned} \tag{3.32}$$

$$\begin{aligned} \dot{\boldsymbol{x}}(t) &= A^T\boldsymbol{x}(t) + C^T\boldsymbol{u}(t) \\ \boldsymbol{y}(t) &= B^T\boldsymbol{x}(t) \end{aligned} \tag{3.33}$$

システム (3.32) が可制御であるとすると，可制御行列 M_c は，

$$M_c = \begin{bmatrix} B & AB & A^2B & \cdots & A^{n-1}B \end{bmatrix} \tag{3.34}$$

となる．ここで，(3.34) 式を次式のように変形する．

$$\begin{aligned} M_c &= \Big[\left(B^T\right)^T \quad \left(A^T\right)^T \left(B^T\right)^T \quad \left(\left(A^T\right)^T\right)^2 \left(B^T\right)^T \\ &\qquad\qquad \cdots \quad \left(\left(A^T\right)^T\right)^{n-1} \left(B^T\right)^T \Big] \\ &= \begin{bmatrix} B^T \\ B^T A^T \\ B^T \left(A^T\right)^2 \\ \vdots \\ B^T \left(A^T\right)^{n-1} \end{bmatrix}^T \end{aligned} \tag{3.35}$$

(3.35) 式は，システム (3.33) の可観測行列 M_o の転置行列となっていることがわ

かる．ある行列の階数（rank）と，その行列を転置した行列の階数（rank）は等しいことから，システム (3.32) が可制御であることは，システム (3.33) が可観測であるということを意味する．

同様に，システム (3.32) が可観測であるとすると，可観測行列 M_o は，

$$M_o = \begin{bmatrix} C \\ CA \\ CA^2 \\ \vdots \\ CA^{n-1} \end{bmatrix} = \begin{bmatrix} C^T & A^T C^T & \left(A^T\right)^2 C^T & \cdots & \left(A^T\right)^{n-1} C^T \end{bmatrix}^T \tag{3.36}$$

と表せる．したがって，システム (3.32) が可観測であることは，システム (3.33) が可制御であるということを意味する．

定理 3.3 (双対性)． システムの可制御性と可観測性について，以下のような性質が成立する．

- システム (3.32) が可制御ならば，システム (3.33) は可観測である．
- システム (3.32) が可観測ならば，システム (3.33) は可制御である．

3.2　正　準　形

前節では，システムの可制御性・可観測性について学んだが，ここでは，後で述べる状態フィードバック制御系やオブザーバの設計で用いる可制御正準形（標準形と呼ばれることもある）と可観測正準形に変換する方法について述べる．

3.2.1　可制御正準形

つぎの n 次の線形システムを考える．

$$\begin{aligned} \dot{\boldsymbol{x}}(t) &= A\boldsymbol{x}(t) + \boldsymbol{b}u(t) \\ y(t) &= \boldsymbol{c}^T \boldsymbol{x}(t) \end{aligned} \tag{3.37}$$

このシステムの可制御行列 M_c は

$$M_c = \begin{bmatrix} \boldsymbol{b} & A\boldsymbol{b} & A^2\boldsymbol{b} & \cdots & A^{n-1}\boldsymbol{b} \end{bmatrix} \tag{3.38}$$

で与えられ，システムが可制御であれば $\det M_c \neq 0$ である．

ここで，システム (3.37) の伝達関数が，

$$\begin{aligned} G(s) &= \boldsymbol{c}^T(sI - A)^{-1}\boldsymbol{b} \\ &= \frac{b_n s^{n-1} + \cdots + b_2 s + b_1}{s^n + a_n s^{n-1} + \cdots + a_2 s + a_1} \end{aligned} \tag{3.39}$$

として与えられているとする．このとき，(3.39) 式の係数 $a_i (i = 1, \cdots, n)$ を用いて行列 $S \in \boldsymbol{R}^{n\times n}$ を

$$S := \begin{bmatrix} a_2 & a_3 & a_4 & \cdots & \cdots & a_n & 1 \\ a_3 & a_4 & \cdots & \cdots & a_n & 1 & \\ a_4 & \cdots & \cdots & \iddots & \iddots & & \\ \vdots & \vdots & \iddots & \iddots & & & \\ \vdots & \iddots & \iddots & & & & \\ a_n & 1 & & & \boldsymbol{O} & & \\ 1 & & & & & & \end{bmatrix} \tag{3.40}$$

のように定義する．この行列 S と可制御行列 M_c により変換行列 T を次式で与える．

$$T = (M_c S)^{-1} \tag{3.41}$$

(3.41) 式の変換行列 T により，

$$\bar{\boldsymbol{x}}(t) = T\boldsymbol{x}(t) \tag{3.42}$$

なる正則変換を行うと，システム (3.37) は，

$$\begin{aligned} \dot{\bar{\boldsymbol{x}}}(t) &= \bar{A}\bar{\boldsymbol{x}}(t) + \bar{\boldsymbol{b}}u(t) \\ y(t) &= \bar{\boldsymbol{c}}^T\bar{\boldsymbol{x}}(t) \end{aligned} \tag{3.43}$$

$$\bar{A} = TAT^{-1} = \begin{bmatrix} 0 & 1 & \cdots & 0 \\ \vdots & \ddots & \ddots & \vdots \\ 0 & \cdots & 0 & 1 \\ -a_1 & -a_2 & \cdots & -a_n \end{bmatrix}, \quad \bar{\boldsymbol{b}} = T\boldsymbol{b} = \begin{bmatrix} 0 \\ \vdots \\ 0 \\ 1 \end{bmatrix}$$

$$\bar{\boldsymbol{c}}^T = \boldsymbol{c}^T T^{-1} = \begin{bmatrix} b_1 & b_2 & \cdots & b_n \end{bmatrix}$$

と表すことができる．このような形式を**可制御正準形**という．

定理 3.4 (可制御正準形)**.** システム (3.37) に対して，可制御行列 M_c と特性方程式の係数により (3.40) 式で与えられる行列 S により定義される変換行列：

$$T := (M_c S)^{-1} \tag{3.44}$$

により $\bar{\boldsymbol{x}}(t) = T\boldsymbol{x}(t)$ なる正則変換を行うと

$$\begin{aligned} \dot{\bar{\boldsymbol{x}}}(t) &= \begin{bmatrix} 0 & 1 & \cdots & 0 \\ \vdots & \ddots & \ddots & \vdots \\ 0 & \cdots & 0 & 1 \\ -a_1 & -a_2 & \cdots & -a_n \end{bmatrix} \bar{\boldsymbol{x}}(t) + \begin{bmatrix} 0 \\ \vdots \\ 0 \\ 1 \end{bmatrix} u(t) \\ y(t) &= \begin{bmatrix} b_1 & b_2 & \cdots & b_n \end{bmatrix} \bar{\boldsymbol{x}}(t) \end{aligned} \tag{3.45}$$

なる可制御正準形に変換できる．

例題 3.3. つぎのシステムを可制御正準形に変換しなさい．

$$\begin{aligned} \dot{\boldsymbol{x}}(t) &= \begin{bmatrix} -1 & 2 \\ -4 & 3 \end{bmatrix} \boldsymbol{x}(t) + \begin{bmatrix} -1 \\ -2 \end{bmatrix} u(t) \\ y(t) &= \begin{bmatrix} -1 & 2 \end{bmatrix} \boldsymbol{x}(t) \end{aligned} \tag{3.46}$$

解）まず，可制御行列 M_c を求める．与えられたシステムは二次系であるので，可制御行列 M_c は，

$$M_c = \begin{bmatrix} \boldsymbol{b} & A\boldsymbol{b} \end{bmatrix} = \begin{bmatrix} -1 & -3 \\ -2 & -2 \end{bmatrix} \tag{3.47}$$

となり，$\det M_c = -4 \neq 0$ であるから可制御である．つぎに，(3.46) 式の特性多項式を求める．

$$\begin{aligned} \det(sI - A) &= \begin{vmatrix} s+1 & -2 \\ 4 & s-3 \end{vmatrix} \\ &= s^2 - 2s + 5 = 0 \end{aligned} \tag{3.48}$$

したがって，行列 S は

$$S = \begin{bmatrix} -2 & 1 \\ 1 & 0 \end{bmatrix} \tag{3.49}$$

となるため，変換行列 T は

$$T^{-1} = M_c S = \begin{bmatrix} -1 & -3 \\ -2 & -2 \end{bmatrix} \begin{bmatrix} -2 & 1 \\ 1 & 0 \end{bmatrix} = \begin{bmatrix} -1 & -1 \\ 2 & -2 \end{bmatrix} \tag{3.50}$$

となる．この変換行列 T を用いて，

$$\bar{\boldsymbol{x}}(t) = T\boldsymbol{x}(t) \tag{3.51}$$

なる正則変換を行うと，システム (3.46) は，

$$\begin{aligned} \dot{\bar{\boldsymbol{x}}}(t) &= \bar{A}\bar{\boldsymbol{x}}(t) + \bar{\boldsymbol{b}}u(t) \\ y(t) &= \bar{\boldsymbol{c}}^T \bar{\boldsymbol{x}}(t) \end{aligned} \tag{3.52}$$

$$\bar{A} = TAT^{-1} = \begin{bmatrix} 0 & 1 \\ -5 & 2 \end{bmatrix},\ \bar{\boldsymbol{b}} = T\boldsymbol{b} = \begin{bmatrix} 0 \\ 1 \end{bmatrix},\ \bar{\boldsymbol{c}}^T = \boldsymbol{c}^T T^{-1} = \begin{bmatrix} 5 & -3 \end{bmatrix}$$

と表すことができる．

3.2.2 可観測正準形

(3.37) 式で与えられる n 次の線形システムを考える．このシステムが可観測であれば，可観測行列：

$$M_o := \begin{bmatrix} \boldsymbol{c}^T \\ \boldsymbol{c}^T A \\ \boldsymbol{c}^T A^2 \\ \vdots \\ \boldsymbol{c}^T A^{n-1} \end{bmatrix} \tag{3.53}$$

は正則，すなわち $\det M_o \neq 0$ である．ここで，(3.40) 式で定義される行列 S，および (3.53) 式を用いて変換行列 T を次式で与える．

$$T = SM_o \tag{3.54}$$

この行列 T を用いて，

$$\bar{\boldsymbol{x}}(t) = T\boldsymbol{x}(t) \tag{3.55}$$

なる正則変換を行うと，システム (3.37) は，

$$\begin{aligned} \dot{\bar{\boldsymbol{x}}}(t) &= \bar{A}\bar{\boldsymbol{x}}(t) + \bar{\boldsymbol{b}}u(t) \\ y(t) &= \bar{\boldsymbol{c}}^T \bar{\boldsymbol{x}}(t) \end{aligned} \tag{3.56}$$

$$\bar{A} = TAT^{-1} = \begin{bmatrix} 0 & \cdots & 0 & -a_1 \\ 1 & \cdots & 0 & -a_2 \\ \vdots & \ddots & \vdots & \vdots \\ 0 & \cdots & 1 & -a_n \end{bmatrix}, \quad \bar{\boldsymbol{b}} = T\boldsymbol{b} = \begin{bmatrix} b_1 \\ b_2 \\ \vdots \\ b_n \end{bmatrix}$$

$$\bar{\boldsymbol{c}}^T = \boldsymbol{c}^T T^{-1} = \begin{bmatrix} 0 & \cdots & 0 & 1 \end{bmatrix}$$

と表すことができる．このような形式を**可観測正準形**という．

定理 3.5 (可観測正準形)**.** システム (3.37) に対して，可観測行列 M_o と特性方程式の係数により (3.40) 式で与えられる行列 S により定義される変換行列

$$T = SM_o \tag{3.57}$$

により $\bar{\boldsymbol{x}}(t) = T\boldsymbol{x}(t)$ なる正則変換を行うと

$$\begin{aligned} \dot{\bar{\boldsymbol{x}}}(t) &= \begin{bmatrix} 0 & \cdots & 0 & -a_1 \\ 1 & \cdots & 0 & -a_2 \\ \vdots & \ddots & \vdots & \vdots \\ 0 & \cdots & 1 & -a_n \end{bmatrix} \bar{\boldsymbol{x}}(t) + \begin{bmatrix} b_1 \\ b_2 \\ \vdots \\ b_n \end{bmatrix} u(t) \\ y(t) &= \begin{bmatrix} 0 & \cdots & 0 & 1 \end{bmatrix} \bar{\boldsymbol{x}}(t) \end{aligned} \tag{3.58}$$

なる可観測正準形に変換できる．

例題 3.4. つぎのシステムを可観測正準形に変換しなさい．

$$\begin{aligned} \dot{\boldsymbol{x}}(t) &= \begin{bmatrix} 2 & 1 \\ 3 & -3 \end{bmatrix} \boldsymbol{x}(t) + \begin{bmatrix} 2 \\ 0 \end{bmatrix} u(t) \\ y(t) &= \begin{bmatrix} 1 & -1 \end{bmatrix} \boldsymbol{x}(t) \end{aligned} \tag{3.59}$$

解）まず，可観測行列 M_o を求める．与えられたシステムは二次系であるので，可観測行列 M_o は，

$$M_o = \begin{bmatrix} c^T \\ c^T A \end{bmatrix} = \begin{bmatrix} 1 & -1 \\ -1 & 4 \end{bmatrix} \tag{3.60}$$

となり，$|M_o| = 3 \neq 0$ であるから可観測である．つぎに，(3.59) 式の特性方程式を求める．

$$
\begin{aligned}
|s\boldsymbol{I} - A| &= \begin{vmatrix} s-2 & -1 \\ -3 & s+3 \end{vmatrix} \\
&= s^2 + s - 9 = 0
\end{aligned} \tag{3.61}
$$

したがって，行列 S は

$$
S = \begin{bmatrix} 1 & 1 \\ 1 & 0 \end{bmatrix} \tag{3.62}
$$

として与えられるため，変換行列 T は

$$
T = SM_o = \begin{bmatrix} 1 & 1 \\ 1 & 0 \end{bmatrix} \begin{bmatrix} 1 & -1 \\ -1 & 4 \end{bmatrix} = \begin{bmatrix} 0 & 3 \\ 1 & -1 \end{bmatrix} \tag{3.63}
$$

この変換行列 T を用いて，

$$
\bar{\boldsymbol{x}}(t) = T\boldsymbol{x}(t) \tag{3.64}
$$

なる正則変換を行うと，システム (3.59) は，

$$
\begin{aligned}
\dot{\bar{\boldsymbol{x}}}(t) &= \bar{A}\bar{\boldsymbol{x}}(t) + \bar{\boldsymbol{b}}u(t) \\
y(t) &= \bar{\boldsymbol{c}}^T\bar{\boldsymbol{x}}(t)
\end{aligned} \tag{3.65}
$$

$$
\begin{aligned}
\bar{A} = TAT^{-1} &= \begin{bmatrix} 0 & 9 \\ 1 & -1 \end{bmatrix}, \quad \bar{\boldsymbol{b}} = T\boldsymbol{b} = \begin{bmatrix} 0 \\ 2 \end{bmatrix} \\
\bar{\boldsymbol{c}}^T = \boldsymbol{c}^T T^{-1} &= \begin{bmatrix} 0 & 1 \end{bmatrix}
\end{aligned}
$$

となる．

3.3 安　定　性

これまで，システムの可制御性，可観測性について学んできた．制御系を設計するうえで，さらに重要なのがシステムの安定性である．ここでは，状態空間表現で表されたシステムの安定性を判別する方法について述べる．

3.3.1 システムの安定性

伝達関数が次式で与えられるシステムを考える．

$$
G(s) = \frac{b_n s^{n-1} + \cdots + b_2 s + b_1}{s^n + a_n s^{n-1} + \cdots + a_2 s + a_1} \tag{3.66}
$$

このシステムが安定となるためには，特性方程式（分母多項式 $= 0$）のすべての根の実部が負でなければならない． [▶ p.15]

一方，次式の状態空間表現：

$$\begin{aligned} \dot{\boldsymbol{x}}(t) &= A\boldsymbol{x}(t) + \boldsymbol{b}u(t) \\ y(t) &= \boldsymbol{c}^T\boldsymbol{x}(t) \end{aligned} \tag{3.67}$$

で表される可制御・可観測なシステムを伝達関数表現すると，

$$\begin{aligned} G(s) &= \boldsymbol{c}^T (sI - A)^{-1} \boldsymbol{b} \\ &= \frac{1}{\det(sI - A)} \boldsymbol{c}^T \mathrm{adj}(sI - A)\boldsymbol{b} \end{aligned} \tag{3.68}$$

となることはすでに学んだ．したがって，(3.66) 式と (3.68) 式より，状態空間表現で表されたシステムが安定かどうかは，(3.68) 式の特性方程式，すなわち，

$$\det(sI - A) = 0 \tag{3.69}$$

の根を調べることで判別できる．

定理 3.6 (安定性)**.** (3.67) 式で表されるシステムは，このシステムの特性方程式：

$$\det(sI - A) = 0 \tag{3.70}$$

の根がすべて負の実部をもつとき安定である．すなわち，システム行列 A のすべての固有値の実部が負であれば安定である．

なお，特性方程式の安定判別には，1 章で述べたラウスやフルビッツの安定判別法が利用できる． [▶ p.16]

例題 3.5. つぎのシステムの安定性を調べなさい．

$$\begin{aligned} \dot{\boldsymbol{x}}(t) &= \begin{bmatrix} -1 & 4 \\ 3 & -2 \end{bmatrix} \boldsymbol{x}(t) + \begin{bmatrix} 0 \\ 1 \end{bmatrix} u(t) \\ y(t) &= \begin{bmatrix} 1 & 1 \end{bmatrix} \boldsymbol{x}(t) \end{aligned} \tag{3.71}$$

解）システム (3.71) の特性方程式を求めると，

$$\det(sI - A) = \begin{vmatrix} s+1 & -4 \\ -3 & s+2 \end{vmatrix} \tag{3.72}$$

$$= s^2 + 3s - 10 = (s+5)(s-2) = 0 \tag{3.73}$$

となり，その根は -5 と 2 であることから，このシステムは不安定である．

3.3.2 伝達関数と最小実現

簡単のため，まず，つぎのようなシステムを考えてみよう．

$$
\begin{aligned}
\dot{\boldsymbol{x}}(t) &= \begin{bmatrix} \lambda_1 & 0 \\ 0 & \lambda_2 \end{bmatrix} \boldsymbol{x}(t) + \begin{bmatrix} \beta_1 \\ \beta_2 \end{bmatrix} u(t) \\
y(t) &= \begin{bmatrix} \gamma_1 & \gamma_2 \end{bmatrix} \boldsymbol{x}(t)
\end{aligned}
\tag{3.74}
$$

ここに，$\lambda_1 \neq \lambda_2$ とする．このシステムは，$\beta_i \neq 0\ (i = 1, 2)$ かつ $\gamma_i \neq 0\ (i = 1, 2)$ であれば，可制御・可観測となる．また，このシステムの特性方程式の根が λ_1 と λ_2 であることは明らかである．つぎに，このシステムの伝達関数を求めると，

$$
\begin{aligned}
G(s) &= \boldsymbol{c}^T (s\boldsymbol{I} - A)^{-1} \boldsymbol{b} \\
&= \frac{\beta_1\gamma_1(s - \lambda_2) + \beta_2\gamma_2(s - \lambda_1)}{(s - \lambda_1)(s - \lambda_2)}
\end{aligned}
\tag{3.75}
$$

となる．このシステムが可制御・可観測であれば伝達関数の分母分子多項式は既約であり，極と零点が相殺されることはない．一方，可制御，または，可観測でない場合，つまり，$\beta_i (i = 1, 2)$，または，$\gamma_i (i = 1, 2)$ のいずれかが 0 である場合は，既約とならないため極と零点の相殺（**極・零相殺**）が起こる．この場合，状態方程式と伝達関数は一致しない． [▶ p.40]

この例のように，システムの状態空間表現と伝達関数表現が一致するのはシステムが可制御・可観測のときのみである．言い換えると，伝達関数で表現できるのは，システムの可制御・可観測の部分のみである．すなわち，システムの状態空間表現が可制御・可観測であるとき，その表現は，対応する伝達関数の最小実現となっている．可制御・可観測でない部分があるとき，伝達関数の極・零相殺（分母分子多項式の相殺）により，その部分は，伝達関数には表れない．この相殺されたシステムの特性を**影のモード**（または**隠されたモード**）という．影のモードが非可制御の部分であるとき，その部分は制御できない．また，影のモードが非可観測の部分であるとき，その挙動は出力には反映されない．すなわち，影のモードが不安定な極・零相殺により発生する場合は，システムは安定化できないことになる．制御器を設計する場合は，不安定な極と零点の消去により，見かけ上安定となるようなことがないように注意しなければならない．ちなみに，$G(s) = G_2(s)G_1(s)$ と伝達関数の直列結合によりシステムが構成される場合，$G_1(s)$ の極と $G_2(s)$ の零点が相殺されるときは，システムの可観測性が崩れ，逆に，$G_1(s)$ の零点と $G_2(s)$

の極が相殺されるときは，可制御性が崩れることが知られている [16]．

例題 3.6. つぎのシステムの安定性を調べなさい．

$$\begin{aligned} \dot{\boldsymbol{x}}(t) &= \begin{bmatrix} -4 & 0 \\ 0 & 1 \end{bmatrix} \boldsymbol{x}(t) + \begin{bmatrix} 1 \\ 0 \end{bmatrix} u(t) \\ y(t) &= \begin{bmatrix} 1 & 1 \end{bmatrix} \boldsymbol{x}(t) \end{aligned} \tag{3.76}$$

解）このシステムの特性方程式を求めると，

$$\begin{aligned} \det(sI - A) &= \begin{vmatrix} s+4 & 0 \\ 0 & s-1 \end{vmatrix} \\ &= (s+4)(s-1) = 0 \end{aligned} \tag{3.77}$$

となり，根は -4 と 1 であるから，このシステムは不安定である．

ここで，伝達関数を求めると，

$$\begin{aligned} G(s) &= \begin{bmatrix} 1 & 1 \end{bmatrix} \begin{bmatrix} s+4 & 0 \\ 0 & s-1 \end{bmatrix}^{-1} \begin{bmatrix} 1 \\ 0 \end{bmatrix} \\ &= \frac{(s-1)}{(s+4)(s-1)} = \frac{1}{s+4} \end{aligned} \tag{3.78}$$

となり，不安定な極と零点（$s = 1$）が消去され不安定な影のモードがあることがわかる．これは，(3.76) 式のシステムが可制御でないためである．

演 習 問 題

問題 3.1. 次式のシステムの可制御性を調べなさい．

$$\dot{\boldsymbol{x}}(t) = \begin{bmatrix} 4 & 0 \\ 1 & -1 \end{bmatrix} \boldsymbol{x}(t) + \begin{bmatrix} 1 \\ 0 \end{bmatrix} u(t)$$

$$y(t) = \begin{bmatrix} 3 & 1 \end{bmatrix} \boldsymbol{x}(t)$$

問題 3.2. 次式のシステムの可制御性を調べなさい．

$$\dot{\boldsymbol{x}}(t) = \begin{bmatrix} 1 & 2 & 0 \\ -1 & 4 & 0 \\ 2 & -4 & 1 \end{bmatrix} \boldsymbol{x}(t) + \begin{bmatrix} 1 \\ 1 \\ -1 \end{bmatrix} u(t)$$

$$y(t) = \begin{bmatrix} -2 & 3 & 1 \end{bmatrix} \boldsymbol{x}(t)$$

問題 3.3. 次式のシステムの可観測性を調べなさい．

$$\dot{\boldsymbol{x}}(t) = \begin{bmatrix} -3 & 2 \\ 1 & -1 \end{bmatrix} \boldsymbol{x}(t) + \begin{bmatrix} 3 \\ -1 \end{bmatrix} u(t)$$

$$y(t) = \begin{bmatrix} 2 & -1 \end{bmatrix} \boldsymbol{x}(t)$$

問題 3.4. 次式のシステムの可観測性を調べなさい.

$$\dot{\boldsymbol{x}}(t) = \begin{bmatrix} -1 & 2 & 1 \\ -3 & 1 & 1 \\ 2 & 1 & -2 \end{bmatrix} \boldsymbol{x}(t) + \begin{bmatrix} 1 \\ 0 \\ -2 \end{bmatrix} u(t)$$

$$y(t) = \begin{bmatrix} 2 & -1 & -1 \end{bmatrix} \boldsymbol{x}(t)$$

問題 3.5. 次式のシステムの可制御正準形に変換しなさい.

$$\dot{\boldsymbol{x}}(t) = \begin{bmatrix} -1 & 2 \\ -1 & 4 \end{bmatrix} \boldsymbol{x}(t) + \begin{bmatrix} 1 \\ 1 \end{bmatrix} u(t)$$

$$y(t) = \begin{bmatrix} -2 & 3 \end{bmatrix} \boldsymbol{x}(t)$$

問題 3.6. 次式のシステムを可観測正準形に変換しなさい.

$$\dot{\boldsymbol{x}}(t) = \begin{bmatrix} 4 & 1 \\ 2 & -2 \end{bmatrix} \boldsymbol{x}(t) + \begin{bmatrix} 3 \\ 1 \end{bmatrix} u(t)$$

$$y(t) = \begin{bmatrix} -2 & 1 \end{bmatrix} \boldsymbol{x}(t)$$

4 状態フィードバックによる制御系の設計

制御系の特性はその極の位置に大きく左右される．そのため，安定かつ良好な応答を示す極の位置を実現するように制御系を設計したい．フィードバック制御を用いて閉ループ系を構成することにより，制御系の極の位置を変更することが可能となる．その結果，不安定なシステムでもフィードバック制御により，安定に制御することができる．ここでは，状態フィードバック制御を用いて，希望する閉ループ特性を得るための制御系設計法について述べる．

4.1 状態フィードバック制御と極配置

4.1.1 状態フィードバック制御

次式で与えられる n 次線形システムを考える．

$$\begin{aligned}\dot{\boldsymbol{x}}(t) &= A\boldsymbol{x}(t) + \boldsymbol{b}u(t) \\ y(t) &= \boldsymbol{c}^T\boldsymbol{x}(t)\end{aligned} \tag{4.1}$$

ここでは，状態ベクトル $\boldsymbol{x}(t) \in \boldsymbol{R}^n$ は常に観測可能であると仮定する．このとき，制御入力 $u(t)$ を状態ベクトル $\boldsymbol{x}(t)$ を用いて次式の制御則で与える．

$$u(t) = -\boldsymbol{k}^T\boldsymbol{x}(t) \tag{4.2}$$

なお，この制御入力は，状態ベクトル $\boldsymbol{x}(t)$ をフィードバックする入力（制御則）となっていることから，(4.2) による制御は，**状態フィードバック制御**と呼ばれる．また，このときの $\boldsymbol{k} \in \boldsymbol{R}^n$ は**フィードバックゲイン**と呼ばれ，このゲインの設計が制御性能を大きく左右する．

システム (4.1) に，状態フィードバック制御則 (4.2) を適用した制御系は図 4.1 のように示される．このとき，構成される**閉ループ系**（制御系）は，

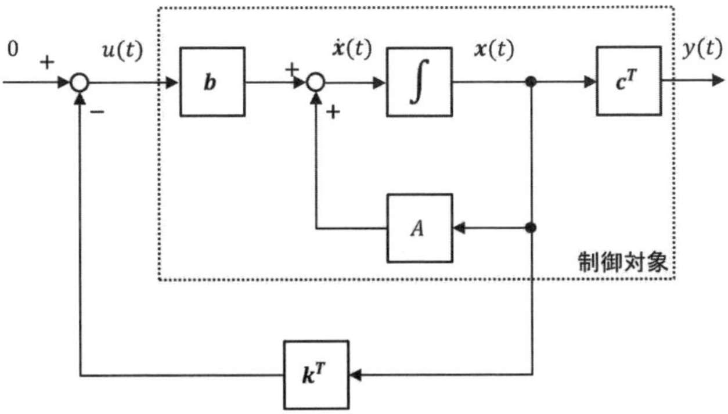

図 4.1　状態フィードバック制御系

$$\dot{\boldsymbol{x}}(t) = (A - \boldsymbol{b}\boldsymbol{k}^T)\boldsymbol{x}(t) \tag{4.3}$$

と表される．この閉ループ系の特性は，次式の特性方程式の根（極）に左右される．[▶ p.53]

$$\det(sI - A + \boldsymbol{b}\boldsymbol{k}^T) = 0 \tag{4.4}$$

すなわち，フィードバック制御により，(4.4) 式の特性根（極）を任意に設定することができれば，所望の特性をもった制御系が得られることがわかる．これが状態フィードバックの基本的な考え方である．

フィードバック制御の効果を理解するために，次の不安定な系を考える．

$$\dot{x}(t) = 5x(t) + 2u(t)$$

このシステムの極は 5 であり，不安定である．このシステムに対して，次式による状態フィードバック制御を適用する．

$$u(t) = -3x(t)$$

このとき，閉ループ系は，$\dot{x}(t) = -x(t)$ となるため，フィードバック制御により，不安定なシステムを安定化することができる．

以上の例から，フィードバック制御により所望の制御性能が得られることがわかる．逆に，フィードバックゲインの設計が適切でない場合，閉ループ系は不安定化してしまう場合があるので，注意しなければならない．

次項では，閉ループ系の極を任意に配置するフィードバックゲインの設計法について述べる．

4.1.2 二次システムの極配置

つぎの状態方程式で表される二次システムを考えよう．

$$\dot{\boldsymbol{x}}(t) = \begin{bmatrix} a_{11} & a_{12} \\ a_{21} & a_{22} \end{bmatrix} \boldsymbol{x}(t) + \begin{bmatrix} b_1 \\ b_2 \end{bmatrix} u(t) \tag{4.5}$$

このシステムに次式による状態フィードバック制御を適用して制御系を構成する．

$$u(t) = -\boldsymbol{k}^T \boldsymbol{x}(t) = -\begin{bmatrix} k_1 & k_2 \end{bmatrix} \boldsymbol{x}(t) \tag{4.6}$$

ここでの目的は，所望の位置に極を配置するフィードバックゲインを求めることである．

システム (4.5) にフィードバック制御則 (4.6) を適用した閉ループ系の特性多項式は次式となる．

$$\begin{aligned} \det(sI - A + \boldsymbol{b}\boldsymbol{k}^T) &= \begin{vmatrix} s - a_{11} + b_1 k_1 & -a_{12} + b_1 k_2 \\ -a_{21} + b_2 k_1 & s - a_{22} + b_2 k_2 \end{vmatrix} \\ &= s^2 + \alpha_2 s + \alpha_1 \end{aligned} \tag{4.7}$$

ただし，

$$\alpha_1 = a_{11}a_{22} - a_{12}a_{21} - (a_{22}b_1 - a_{12}b_2)k_1 - (a_{11}b_2 - a_{21}b_1)k_2$$

$$\alpha_2 = -a_{11} - a_{22} + b_1 k_1 + b_2 k_2$$

である．

指定する閉ループ系の極を p_1 と p_2 とすると，理想の特性多項式は次式となる．

$$(s - p_1)(s - p_2) = s^2 - (p_1 + p_2)s + p_1 p_2 \tag{4.8}$$

(4.7) 式と (4.8) 式の各係数の比較から，フィードバック制御系が指定する極を実現するためには，以下の条件式を満足する k_1 と k_2 を求めればよいことがわかる．

$$\alpha_1 = p_1 p_2 \tag{4.9}$$

$$\alpha_2 = -(p_1 + p_2) \tag{4.10}$$

例題 4.1. 次式の状態方程式で与えられるシステムを考える．

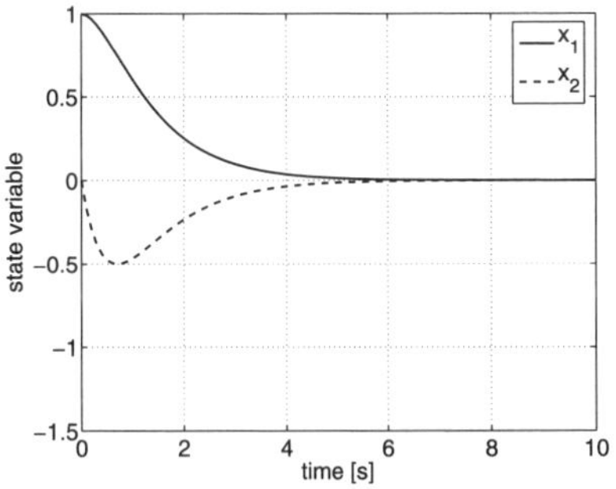

図 4.2　閉ループ系の応答（極：−1, −2）

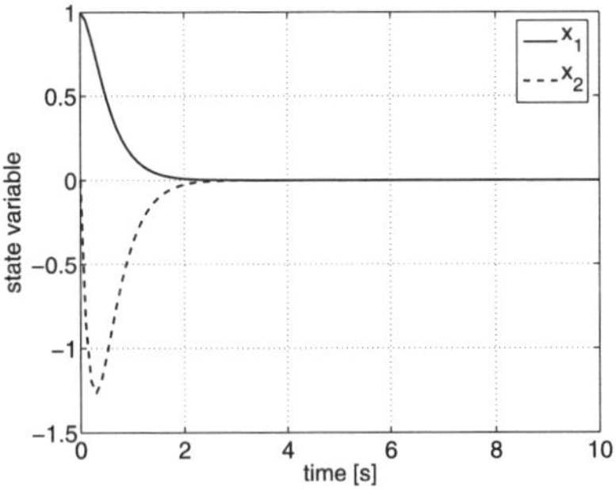

図 4.3　閉ループ系の応答（極：−3, −4）

$$\dot{\boldsymbol{x}}(t) = \begin{bmatrix} 1 & 2 \\ 3 & 0 \end{bmatrix} \boldsymbol{x}(t) + \begin{bmatrix} 1 \\ 2 \end{bmatrix} u(t)$$

構成された閉ループ系の極が -1 および -4 となる状態フィードバックゲインを設計しなさい．

解）このシステムの極は，-2 と 3 であることから，不安定系であることがわかる．このシステムに対して，(4.6) 式による状態フィードバック制御により，閉ループ系の極が -1 と -4 となるフィードバックゲインを設計する．指定する閉ループ系の極が -1 と -4 であることから，(4.10) 式と (4.9) 式より，以下の連立方程式を得る．

$$4k_1 + k_2 - 6 = 4$$

$$k_1 + 2k_2 - 1 = 5$$

以上から，指定する閉ループ系の極を実現するフィードバックゲインとして $\boldsymbol{k} = [2 \;\; 2]^T$ が求められる．実際に閉ループ系の極を計算すると，-1 と -4 が得られることが確認できる．

つぎに，次式の状態方程式として表されるシステムの挙動が極によって異なることを示そう．

$$\dot{\boldsymbol{x}}(t) = \begin{bmatrix} 0 & 1 \\ -2 & -3 \end{bmatrix} \boldsymbol{x}(t) + \begin{bmatrix} 0 \\ 1 \end{bmatrix} u(t)$$

ただし，状態の初期値は $\boldsymbol{x}(0) = [1 \;\; 0]^T$ とする．また，このシステムの極は -1 と -2 であり，安定である．

このシステムの自由応答を図 4.2 に示す．システムは安定であるため，状態変数は時間の経過とともに 0 に漸近していることがわかる．

さて，このシステムに対して，閉ループ系の極を -3 と -4 に指定するフィードバックゲインを求めると，$\boldsymbol{k} = [10 \;\; 4]^T$ が求まる．設計した状態フィードバック制御による閉ループ系の応答は図 4.3 のようになる．この閉ループ系も安定であるため，状態変数が 0 に収束している様子がわかる．また，図 4.2 に比べて，早い時間で収束していることがわかる．これは，元のシステムに比べて，フィードバック制御を適用した閉ループ系の極の方が実部の絶対値の大きさが大きいためであり，極の値によって応答が異なることが確認できる．しかし，状態 $x_2(t)$ は，元のシステムの挙動に比べて閉ループ系の応答は下に大きく振れてしまっている．このことから，極の選定には十分な注意が必要なことがわかる．

以上により，指定する閉ループ系の極を実現するフィードバックゲインを求めることができれば，希望する特性をもった制御系が得られることがわかった．上記のシステムは高々二次であったため，平易な計算によりフィードバックゲインを求めることができた．しかし，次数が大きくなればなるほど，上記の計算方法では容易にフィードバックゲインを求めることは難しくなる．また，どのような系に対しても，任意の極に配置が可能なのだろうか．次節では，極を任意に配置できるための条件について述べる．

4.2 可制御性と可安定性

4.2.1 可制御性と極配置

任意の極に閉ループ系の極が配置できるための条件は，つぎのように与えられる．

定理 4.1 (可制御性と極配置の関係)．システム (4.1) に，(4.2) 式による状態フィードバック制御を適用して閉ループ系の極を任意に配置できるための必要十分条件は，システム (4.1) が可制御であることである．

このことを，つぎの例を通して確認してみよう．

制御対象として，つぎのシステムを考えよう．

$$\dot{\boldsymbol{x}}(t) = \begin{bmatrix} 1 & 0 \\ 2 & 0 \end{bmatrix} \boldsymbol{x}(t) + \begin{bmatrix} 0 \\ 1 \end{bmatrix} u(t)$$

このシステムの可制御行列は以下となる．

$$M_c := \begin{bmatrix} \boldsymbol{b} & A\boldsymbol{b} \end{bmatrix} = \begin{bmatrix} 0 & 0 \\ 1 & 0 \end{bmatrix}$$

この可制御行列はフルランクではない（$\det M_c = 0$）ため，可制御ではない．

(4.6) 式で与えられる状態フィードバック制御を適用すると，得られた閉ループ系の特性方程式は $s^2 + (k_2 - 1)s - k_2 = 0$ となり，任意の指定極 p_1, p_2 に対して (4.9) 式と (4.10) 式を同時に満たすフィードバックゲイン $\boldsymbol{k}$ を常に見つけることはできない．すなわち，任意の座標に極を配置することができないことがわかる．

4.2.2 可　安　定

システムが不安定である場合，可制御でなければ，必ずしも安定化できないわけではない．すべての極の操作ができなくても，不安定な極が安定化できれば，システムを安定化することができる．このようなシステムを**可安定**という．

例えば，次式の状態方程式で与えられるシステムを考えてみよう．

$$\dot{\boldsymbol{x}}(t) = \begin{bmatrix} -2 & 0 \\ 1 & 3 \end{bmatrix} \boldsymbol{x}(t) + \begin{bmatrix} 0 \\ 1 \end{bmatrix} u(t)$$

このシステムの極は -2 と 3 であり，不安定である．また，可制御性を調べると可制御行列が

$$M_c := \begin{bmatrix} \boldsymbol{b} & A\boldsymbol{b} \end{bmatrix} = \begin{bmatrix} 0 & 0 \\ 1 & 3 \end{bmatrix}$$

と与えられるため，このシステムは，可制御ではない．すなわち，状態フィードバックにより，任意に極を配置することはできない．

しかし，このシステムに対し，(4.6) 式による状態フィードバック制御を適用して制御系を構成すると，得られた閉ループ系の特性方程式は次式となる．

$$\det(sI - A + \boldsymbol{b}\boldsymbol{k}^T) = (s+2)(s-3+k_2) = 0$$

この式からわかるように，安定な根 -2 はフィードバック制御で変更することはできないが，不安定な根 3 は設計可能なフィードバックゲイン k_2 を用いて安定化することができる．よって，このシステムは可安定である．なお，可制御ではないが可安定なシステムでは，安定な極・零相殺により可制御性が崩れていることになっている．

4.3 極 配 置 法

本節では，システムが可制御であると仮定して，閉ループ系の極を任意に配置するフィードバックゲインの設計方法について述べる．

4.3.1 可制御正準形における極配置法

可制御正準形で与えられる以下のシステムを考える．

$$\dot{\boldsymbol{x}}(t) = \begin{bmatrix} 0 & 1 & \cdots & 0 \\ \vdots & \ddots & \ddots & \vdots \\ 0 & \cdots & 0 & 1 \\ -a_1 & -a_2 & \cdots & -a_n \end{bmatrix} \boldsymbol{x}(t) + \begin{bmatrix} 0 \\ \vdots \\ 0 \\ 1 \end{bmatrix} u(t) \tag{4.11}$$

ただし，$a_i \ (i = 1, \cdots, n)$ は以下の行列 A の特性多項式の係数である．

$$\det(sI - A) = s^n + a_n s^{n-1} + \cdots + a_2 s + a_1 \tag{4.12}$$

このシステムに対して，状態フィードバック制御則 (4.2) のフィードバックゲインを $\boldsymbol{k} = [k_1 \ k_2 \ \cdots \ k_n]^T$ とおくと，閉ループ系は，

$$\dot{\boldsymbol{x}}(t) = \begin{bmatrix} 0 & 1 & \cdots & 0 \\ \vdots & \ddots & \ddots & \vdots \\ 0 & \cdots & 0 & 1 \\ -(a_1 + k_1) & -(a_2 + k_2) & \cdots & -(a_n + k_n) \end{bmatrix} \boldsymbol{x}(t)$$

となる．このときの閉ループ系の特性多項式は次式となる．

$$\det(sI - A + \boldsymbol{b}\boldsymbol{k}^T) = s^n + (a_n + k_n)s^{n-1} + \cdots + (a_2 + k_2)s + (a_1 + k_1) \tag{4.13}$$

つぎに，指定する極 $p_1, p_2, \cdots, p_n$ をもつ特性多項式を

$$d(s) = (s - p_1)(s - p_2)\cdots(s - p_n) = s^n + d_n s^{n-1} + \cdots + d_2 s + d_1 \tag{4.14}$$

とおくと，構成された閉ループ系が指定する極を有するためには，(4.13) 式と (4.14) 式が等価であればよい．したがって，フィードバックゲインを以下のように設計すればよいことがわかる．

$$k_i = d_i - a_i \quad (i = 1, \cdots, n) \tag{4.15}$$

例題 4.2. 可制御正準系で表されるシステム：

$$\dot{\boldsymbol{x}}(t)=\begin{bmatrix}0 & 1 & 0\\ 0 & 0 & 1\\ -6 & -11 & -6\end{bmatrix}\boldsymbol{x}(t)+\begin{bmatrix}0\\0\\1\end{bmatrix}u(t) \tag{4.16}$$

に対して，閉ループ系の極を $-4, -5, -6$ に配置するフィードバックゲインを求めよ．

解）フィードバックゲイン $\boldsymbol{k}=[k_1\ k_2\ k_3]^T$ による状態フィードバックにより得られる閉ループ系の特性多項式は次式となる．

$$\det(sI-A+\boldsymbol{b}\boldsymbol{k}^T)=s^3+(6+k_3)s^2+(11+k_2)s+(6+k_1) \tag{4.17}$$

指定する極による希望する特性多項式は次式となる．

$$d(s)=(s+4)(s+5)(s+6)=s^3+15s^2+74s+120 \tag{4.18}$$

よって，フィードバックゲインは以下のように求まる．

$$k_1=120-6=114,\ k_2=74-11=63,\ k_3=15-6=9$$

4.3.2 座標変換を用いた極配置法

状態方程式が可制御正準形で表現されていれば，前項の方法を用いて極配置を実現できる．可制御正準形でない場合はどのように設計すればよいのだろうか．ここでは，可制御正準形でない場合に，座標変換を用いて極配置法を実現する方法について述べる．

3 章で示したように，システム (4.1) が可制御であれば，ある正則変換：$\bar{\boldsymbol{x}}(t)=T\boldsymbol{x}(t)$ を用いて，　[▶ p.48]

$$\dot{\bar{\boldsymbol{x}}}(t)=\bar{A}\boldsymbol{x}(t)+\bar{\boldsymbol{b}}u(t) \tag{4.19}$$

$$\bar{A}=TAT^{-1},\quad \bar{\boldsymbol{b}}=T\boldsymbol{b}$$

として可制御正準形にすることができる．したがって，このシステムに対して，前項で示したフィードバックゲインの設計法が利用でき，

$$u(t)=-\bar{\boldsymbol{k}}^T\bar{\boldsymbol{x}}(t) \tag{4.20}$$

として制御入力が得られる．なお，実際には状態ベクトル $\boldsymbol{x}(t)$ をフィードバックするので，

$$\boldsymbol{u}(t)=-\bar{\boldsymbol{k}}^T\bar{\boldsymbol{x}}(t)=-\bar{\boldsymbol{k}}^T T\boldsymbol{x}(t) \tag{4.21}$$

となり，フィードバックゲイン $\boldsymbol{k}$ は，

$$\boldsymbol{k}^T = \bar{\boldsymbol{k}}^T T$$

として得られる.

例題 4.3. 次式の状態方程式で表されるシステム

$$\dot{\boldsymbol{x}}(t) = \begin{bmatrix} -4 & 0 & 6 \\ 1 & 0 & -3 \\ 0 & 1 & -2 \end{bmatrix} \boldsymbol{x}(t) + \begin{bmatrix} 1 \\ 0 \\ 0 \end{bmatrix} u(t) \tag{4.22}$$

に対して, 例題 4.2 と同様に, 閉ループ系の極を -4, -5, -6 に配置するフィードバックゲインを求めなさい.

解) このシステムの可制御行列はフルランクであるため, システムは可制御である.

システム (4.22) の特性多項式を求めると, 例題 4.2 の (4.17) 式と同じとなる. したがって, 可制御正準形に座標変換した系に対するフィードバックゲインは, 例題 4.2 の結果から, $\bar{\boldsymbol{k}} = [114 \quad 63 \quad 9]^T$ と求まる. [▶ p.50]

可制御正準形への変換行列 T が

$$T^{-1} = M_c S, \quad M_c = \begin{bmatrix} 1 & -4 & 16 \\ 0 & 1 & -4 \\ 0 & 0 & 1 \end{bmatrix}, \quad S = \begin{bmatrix} 11 & 6 & 1 \\ 6 & 1 & 0 \\ 1 & 0 & 0 \end{bmatrix}$$

と与えられることより, フィードバックゲインは以下のように得られる.

$$\boldsymbol{k}^T = \bar{\boldsymbol{k}}^T T = \bar{\boldsymbol{k}}^T (M_c S)^{-1} = \begin{bmatrix} 9 & 45 & -3 \end{bmatrix}$$

4.3.3 アッカーマンの極配置法

可制御正準形に変換することなく, 極配置のためのフィードバックゲインを決定できるアッカーマンのアルゴリズムを紹介する.

定理 4.2 (アッカーマンの極配置法). 可制御であるシステム (4.1) に状態フィードバック (4.2) を適用した閉ループ系に対し, 閉ループ系の極を

$$\begin{aligned} \phi(s) &= (s - p_1)(s - p_2) \cdots (s - p_n) \\ &= s^n + d_n s^{n-1} + d_{n-1} s^{n-2} + \cdots + d_2 s + d_1 \end{aligned} \tag{4.23}$$

により指定される極に配置するフィードバックゲイン $\boldsymbol{k}$ は次式で得られる.

$$\boldsymbol{k}^T = \begin{bmatrix} 0 & \cdots & 0 & 1 \end{bmatrix} M_c^{-1} \phi(A) \tag{4.24}$$

ただし, M_c は可制御行列であり,

$$\phi(A) := A^n + d_n A^{n-1} + \cdots + d_2 A + d_1 I \tag{4.25}$$

である.

証明) システム (4.1) に状態フィードバック制御則 (4.2) を施した閉ループ系は,

$$\dot{\boldsymbol{x}}(t) = \tilde{A}\boldsymbol{x}(t) \quad , \quad \tilde{A} = A - \boldsymbol{b}\boldsymbol{k}^T \tag{4.26}$$

となる. ここで, 制御対象が可制御であることから, 閉ループ系 (4.26) の極を p_1, $\cdots$, p_n に配置するフィードバックゲイン $\boldsymbol{k}$ が得られているとする. このとき, ケーリー・ハミルトンの定理より次式が成り立つ.

$$\phi(\tilde{A}) = \tilde{A}^n + d_n \tilde{A}^{n-1} + \cdots + d_2 \tilde{A} + d_1 I = 0 \tag{4.27}$$

つぎに, (4.26) 式の $\tilde{A}$ を (4.27) 式へ代入すると

$$\phi(\tilde{A}) = \sum_{i=0}^{n} d_{i+1} \left(A^i - \sum_{j=0}^{i-1} A^j \boldsymbol{b}\boldsymbol{k}^T (\tilde{A})^{i-1-j} \right) = 0 \tag{4.28}$$

を得る. ただし, (4.28) 式において, $d_0 = 0$, $d_{n+1} = 1$, $A^0 = \tilde{A}^0 = I$, $A^{-1} = \tilde{A}^{-1} = \boldsymbol{0}$ とする. よって, (4.28) 式は, (4.25) 式を用いて, 以下のように書き換えられる.

$$\phi(A) = \begin{bmatrix} \boldsymbol{b} & A\boldsymbol{b} & \cdots & A^{n-1}\boldsymbol{b} \end{bmatrix} \begin{bmatrix} \sum_{i=0}^{n-1} d_{i+2} \boldsymbol{k}^T \tilde{A}^i \\ \sum_{i=0}^{n-2} d_{i+3} \boldsymbol{k}^T \tilde{A}^i \\ \vdots \\ d_{n-1}\boldsymbol{k}^T + d_n \boldsymbol{k}^T \tilde{A} + \boldsymbol{k}^T \tilde{A}^2 \\ d_n \boldsymbol{k}^T + \boldsymbol{k}^T \tilde{A} \\ \boldsymbol{k}^T \end{bmatrix} \tag{4.29}$$

最後に, (4.29) 式に左から $[0 \ \cdots \ 0 \ 1]M_c^{-1}$ を掛けると, (4.24) 式が得られる.

(証明終)

例題 4.4. アッカーマンの極配置法を用いて, 例題 4.3 のフィードバックゲインを求めなさい.

解) 指定する極を有する特性多項式は

$$\phi(s) = (s+4)(s+5)(s+6) = s^3 + 15s^2 + 74s + 120$$

であるので

$$\phi(A) = \begin{bmatrix} 6 & 54 & 54 \\ 27 & 87 & -81 \\ 9 & 45 & -3 \end{bmatrix}$$

また，可制御行列の逆行列は，例題 4.3 の結果を利用すれば以下のように求められる.

$$M_c^{-1} = \begin{bmatrix} 1 & 4 & 0 \\ 0 & 1 & 4 \\ 0 & 0 & 1 \end{bmatrix}$$

以上から，フィードバックゲインは (4.24) 式を計算して，以下のように得られる.

$$\boldsymbol{k}^T = \begin{bmatrix} 0 & 0 & 1 \end{bmatrix} M_c^{-1}\phi(A) = \begin{bmatrix} 9 & 45 & -3 \end{bmatrix}$$

4.4　最適制御系の設計

前節において，状態フィードバックにより得られる閉ループ系が希望するシステム特性を示すように閉ループ系の極が指定できることを明らかにした．制御系の安定性を確保するにはすべての極の実数部を負に設定すればよく，さらに，支配極の絶対値を大きく設定することで目標値と制御量との誤差の収束性を高めることが可能である.

しかし，このような極配置によって状態フィードバックのゲインは大きくなり，状態フィードバック制御則は，しばしばアクチュエータが発生できる制御入力の制限を超過する実現不可能な信号を要求することが起こり得る．このような場合は，もはや期待する制御性能は実現できない．そこで，フィードバックゲインを閉ループ系の安定性のみならず制御入力の大きさを考慮して決定できれば有用である．ここでは，そのような設計法として知られている最適制御系の設計法について述べる.

4.4.1　最適レギュレータ（制御時間が無限大の場合）

次式で与えられる p 入力 q 出力 n 次線形システムを考えよう.

$$\dot{\boldsymbol{x}}(t) = A\boldsymbol{x}(t) + B\boldsymbol{u}(t) \tag{4.30}$$

$$\boldsymbol{y}(t) = C\boldsymbol{x}(t) \tag{4.31}$$

$$A \in \boldsymbol{R}^{n\times n}, B \in \boldsymbol{R}^{n\times p}, C \in \boldsymbol{R}^{q\times n}$$

なお，$\boldsymbol{x}(0) = \boldsymbol{x}_0$ とし，システムは可制御であるとする．このシステムに状態フィードバック制御則

$$\boldsymbol{u}(t) = -K\boldsymbol{x}(t) \tag{4.32}$$

を適用するとき，閉ループ系は

$$\dot{\boldsymbol{x}}(t) = (A - BK)\boldsymbol{x}(t) \tag{4.33}$$

となる．ただし，$K \in \boldsymbol{R}^{p \times n}$ はフィードバックゲイン行列である．

すべての初期状態 $\boldsymbol{x}_0$ のもとで，つぎの二次形式評価関数 J

$$J = \int_0^\infty \{\boldsymbol{x}(t)^T Q\boldsymbol{x}(t) + \boldsymbol{u}(t)^T R\boldsymbol{u}(t)\}dt \tag{4.34}$$

を最小にする制御入力 $\boldsymbol{u}(t)$ を求める問題は，**最適レギュレータ問題**と呼ばれる．ここで，Q は $n \times n$ 準正定対称行列（$Q = Q^T \geq 0$），R は $p \times p$ 正定対称行列（$R = R^T > 0$）である．また，この制御は，二次形式の評価関数を用いて最適化を図るという意味で，Linear Quadratic Optimal Control とも呼ばれ，略して **LQ 最適制御**と呼ばれることもある．

この評価関数 J においては，積分項の第 1 項 $\boldsymbol{x}(t)^T Q\boldsymbol{x}(t)$ により状態軌道の過渡特性に対する評価を，第 2 項 $\boldsymbol{u}(t)^T R\boldsymbol{u}(t)$ で制御入力の消費エネルギーの評価を与えている．状態軌道の過渡特性の改善に重きをおくのか，制御入力の消費エネルギーの抑制に重きをおくのかを，重み係数行列 Q, R で調整する構成となっている．

定理 4.3 (最適レギュレータの解)**.** 評価関数 (4.34) を最小化する状態フィードバック制御則 (4.42) のゲイン K は次式で与えられる．

$$K = R^{-1}B^T P \tag{4.35}$$

ここに，$n \times n$ 正定対称行列 P は，つぎの**代数リカッチ方程式**（Algebraic Riccati equation）

$$PA + A^T P - PBR^{-1}B^T P + Q = 0 \tag{4.36}$$

の正定解である．

定理 4.3 の証明は付録 B に示しておく．

システムが一入出力系であり

$$\dot{\boldsymbol{x}}(t) = A\boldsymbol{x}(t) + \boldsymbol{b}u(t)$$
$$y(t) = \boldsymbol{c}^T\boldsymbol{x}(t)$$

と表されるときは，状態フィードバック制御則：$u(t) = -\boldsymbol{k}^T\boldsymbol{x}(t)$ のフィードバックゲイン $\boldsymbol{k}$ は，次式の評価関数

$$J = \int_0^\infty \{\boldsymbol{x}(t)^T Q\boldsymbol{x}(t) + ru(t)^2\}dt \tag{4.37}$$

を最小とするように

$$\boldsymbol{k}^T = \frac{1}{r}\boldsymbol{b}^T P \tag{4.38}$$

と与えられる．ただし，P は，次式の代数リカッチ方程式

$$PA + A^T P - \frac{1}{r}P\boldsymbol{b}\boldsymbol{b}^T P + Q = 0 \tag{4.39}$$

の正定解である．

例題 4.5. つぎの不安定なシステム：

$$\dot{x}(t) = 5x(t) + u(t)$$

に対して評価関数を

$$J = \int_0^\infty (2x(t)^2 + u(t)^2)dt$$

とした場合の最適レギュレータを設計せよ．

解）$A = 5$, $\boldsymbol{b} = 1$, $Q = 2$, $r = 1$ をリカッチ方程式 (4.39) に代入すると

$$A^T P + PA - \frac{1}{r}P\boldsymbol{b}\boldsymbol{b}^T P + Q = 5P + 5P - P^2 + 2 = 0$$

となるので，つぎの二次方程式を得る．

$$P^2 - 10P - 2 = 0$$

上式の解 P は

$$P = \frac{10 \pm \sqrt{10^2 + 8}}{2} = 5 \pm 3\sqrt{3}$$

となる．P は正値でなければならないので，$P = 5 + 3\sqrt{3}$ が求まる．これを (4.35) 式に代入することによって，状態フィードバックゲイン k は

$$k = \frac{1}{r}\boldsymbol{b}^T P = 5 + 3\sqrt{3}$$

となる．

例題 4.6. つぎの可制御な二次線形システム

$$\dot{\boldsymbol{x}}(t) = \begin{bmatrix} 0 & 1 \\ 0 & 0 \end{bmatrix} \boldsymbol{x}(t) + \begin{bmatrix} 0 \\ 1 \end{bmatrix} u(t)$$

に対して，$Q = \mathrm{diag}[9, 2]$, $r = 1$ とし最適レギュレータを設計せよ．

解）リカッチ方程式の正定対称行列解 P を $P = \begin{bmatrix} p_{11} & p_{12} \\ p_{12} & p_{22} \end{bmatrix}$ とおく．このとき (4.36) 式は

$$\begin{bmatrix} p_{11} & p_{12} \\ p_{12} & p_{22} \end{bmatrix} \begin{bmatrix} 0 & 1 \\ 0 & 0 \end{bmatrix} + \begin{bmatrix} 0 & 0 \\ 1 & 0 \end{bmatrix} \begin{bmatrix} p_{11} & p_{12} \\ p_{12} & p_{22} \end{bmatrix} - \begin{bmatrix} p_{11} & p_{12} \\ p_{12} & p_{22} \end{bmatrix} \begin{bmatrix} 0 \\ 1 \end{bmatrix} \begin{bmatrix} 0 & 1 \end{bmatrix} \begin{bmatrix} p_{11} & p_{12} \\ p_{12} & p_{22} \end{bmatrix} + \begin{bmatrix} 9 & 0 \\ 0 & 2 \end{bmatrix} = 0$$

となる．上式を整理することにより

$$\begin{aligned} &p_{12}^2 = 9 \\ &p_{11} - p_{12}p_{22} = 0 \\ &2p_{12} - p_{22}^2 + 2 = 0 \end{aligned} \tag{4.40}$$

を得る．第 1 式より $p_{12} = \pm 3$ を得る．このとき，P の正定性（シルベスタ条件：付録 A.7.2 参照）を考慮すると $p_{12} = 3$, $p_{22} = 2\sqrt{2}$ となる．これよりゲイン $\boldsymbol{k}$ は

$$\boldsymbol{k}^T = \frac{1}{r}\boldsymbol{b}^T P = \begin{bmatrix} 0 & 1 \end{bmatrix} \begin{bmatrix} 6\sqrt{2} & 3 \\ 3 & 2\sqrt{2} \end{bmatrix} = \begin{bmatrix} 3 & 2\sqrt{2} \end{bmatrix}$$

となる．

4.4.2 有限時間最適レギュレータ問題

前項では，評価関数を無限時間で定義した最適レギュレータ問題を示した，ここでは，評価関数を有限時間で定義した場合の**有限時間最適レギュレータ問題**について述べる．すなわち，つぎの有限時間で定義される評価関数：

$$J = \boldsymbol{x}(T_f)^T Q_f \boldsymbol{x}(T_f) + \int_0^{T_f} \{\boldsymbol{x}(t)^T Q \boldsymbol{x}(t) + \boldsymbol{u}(t)^T R \boldsymbol{u}(t)\} dt \tag{4.41}$$

を導入し，この J が最小になるように制御入力 $\boldsymbol{u}(t)$ を構成する問題を考える．ここで，T_f は積分の上限時間を表し，$Q_f \in \boldsymbol{R}^{n \times n}$ 準正定対称行列（$Q_f = Q_f^T \geq 0$）である．

定理 4.4 (有限時間最適レギュレータの解)**.** 評価関数 (4.41) を最小化する状態フィードバック制御入力は

$$\boldsymbol{u}(t) = -K(t)\boldsymbol{x}(t) \tag{4.42}$$

であり，ゲイン $K(t)$ は次式で与えられる．

$$K(t) = R^{-1}B^T P(t) \tag{4.43}$$

ここで，$n \times n$ 対称行列 $P(t)$ は，つぎのリカッチ方程式 (Riccati equation)

$$\begin{aligned} -\dot{P}(t) &= P(t)A + A^T P(t) - P(t)BR^{-1}B^T P(t) + Q \\ P(T_f) &= Q_f \end{aligned} \tag{4.44}$$

の解である．また，J の最小値 J_{opt} は $\boldsymbol{x}_0^T P(0)\boldsymbol{x}_0$ で与えられる．

定理 4.4 の証明は省略する*1)．

演 習 問 題

問題 4.1. 図 1.6 に示す質量–ばね–ダンパ系を考える．状態変数を $\boldsymbol{x}(t) = [z(t) \ \ \dot{z}(t)]^T$ とおくと，状態方程式として以下を得る．

$$\begin{aligned} \dot{\boldsymbol{x}}(t) &= \begin{bmatrix} 0 & 1 \\ -k/m & -c/m \end{bmatrix} \boldsymbol{x}(t) + \begin{bmatrix} 0 \\ 1/m \end{bmatrix} u(t) \\ y(t) &= \begin{bmatrix} 1 & 0 \end{bmatrix} \boldsymbol{x}(t) \end{aligned}$$

このシステムに対して，閉ループ系の極を p_1 と p_2 に配置するフィードバックゲインを求めなさい．

問題 4.2. 例題 4.4 で求めたフィードバックゲインを用いて，極配置が実現できていることを確認しなさい．

問題 4.3. つぎの状態方程式で与えられるシステムの安定化可能性について述べなさい．

$$\dot{\boldsymbol{x}}(t) = \begin{bmatrix} a_{11} & 0 \\ 2 & 3 \end{bmatrix} \boldsymbol{x}(t) + \begin{bmatrix} 0 \\ 1 \end{bmatrix} u(t)$$

---

*1) 定理 4.4 の証明は，ポントリャーギンの最大原理や動的計画法，変分法，パラメータ最適化手法などを用いて導出されている．最大原理に基づく導出は，たとえば伊藤正美[16] 第 14 章を参照されたい．

問題 4.4. システムの状態方程式モデルが次式で与えられている.

$$\dot{\boldsymbol{x}}(t) = \begin{bmatrix} 0 & 1 \\ -1 & -2 \end{bmatrix} \boldsymbol{x}(t) + \begin{bmatrix} 0 \\ 1 \end{bmatrix} u(t) \tag{4.45}$$

このとき，重み係数を $Q = \mathrm{diag}[1, 1]$, $R = 1$ と設定した場合の最適レギュレータのゲイン $\boldsymbol{k}$ を求めなさい.

5 状態フィードバックによるトラッキング制御

前章では，状態フィードバックによるシステムの安定化（状態フィードバックによるレギュレータ制御）について学んだ．しかし，多くの制御系では，システムの安定化のみでなく，出力を所望の目標値に追従させるトラッキング制御が要求される．本章では，基本的なモデル出力追従制御系の設計法，および内部モデル原理に基づく状態フィードバックによるサーボ系設計法について述べる．

5.1 状態フィードバックによるモデル出力追従制御

5.1.1 出力追従制御系設計の基本的考え方

最初に簡単のためつぎのように表される一次の一入出力システムを考えよう．

$$\begin{aligned}\dot{x}(t) &= ax(t) + bu(t) \\ y(t) &= x(t)\end{aligned} \tag{5.1}$$

このシステムに対し，$v(t)$ を任意の設定入力とし，つぎの状態フィードバック：

$$u(t) = -kx(t) + v(t) \tag{5.2}$$

を施すと，構成された閉ループ系は，

$$\dot{x}(t) = (a - bk)x(t) + bv(t) \tag{5.3}$$

と表すことができる．この閉ループ系は $k > a/b$ なる k で安定となる．このとき，$v(t) \equiv 0$ であれば，$x(t) \to 0$ となる．このことは，初期値を $x(0) = x_0$ とおくと，$v(t) \equiv 0$ のときの (5.3) 式の解が，$x(t) = e^{(a-bk)t}x_0$ となることからも明らかである．では，$v(t)$ がある値をもつときはどのような応答になるだろうか．

図 5.1 に $a = 2, b = 1, k = 3$ の制御系に対し，$v(t) = 1$，2，3 と設定したとき

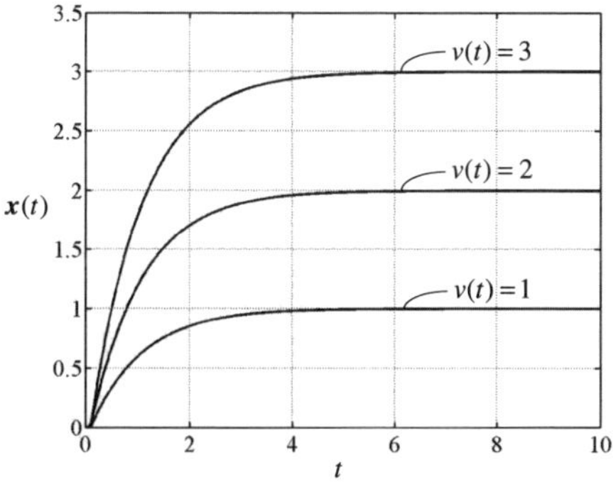

図 5.1 制御系の応答

の応答を示す．$v(t)$ を変化させることで異なった目標値へ出力を動かすことができることがわかる．このことをもう少し詳しく調べてみよう．

いま，(5.1) 式のシステムに制御入力 (5.2) を施して，出力 $y(t)$ をある目標値 $y_m(t) = y^*$（一定値）に追従させることを考えよう．出力追従誤差を $e_x(t) = y(t) - y_m(t) = x(t) - y^*$ とおくと，誤差システムは，

$$\begin{aligned}\dot{e}_x(t) &= \dot{x}(t)\\ &= ax(t) + bu(t)\\ &= (a-bk)x(t) + bv(t)\\ &= (a-bk)e_x(t) + (a-bk)y^* + bv(t)\end{aligned} \tag{5.4}$$

と表すことができる．よって，$v(t)$ を

$$v(t) = -\frac{a-bk}{b}y^* \tag{5.5}$$

と設定すると，最終的に

$$\dot{e}_x(t) = (a-bk)e_x(t) \tag{5.6}$$

なる誤差システムが得られる．よって，(5.2) 式において，フィードバックゲイン k をシステムを安定化するように，$k > a/b$ と設計していれば，$e_x(t) \to 0$，すなわち，$x(t)(= y(t)) \to y^*$ が達成できる．

なお，最終的に制御入力 $u(t)$ は

$$u(t) = -kx(t) - \frac{a-bk}{b}y^* = -ke_x(t) - \frac{a}{b}y^* \tag{5.7}$$

と誤差のフィードバックの形で表すこともできる．このとき，$u^* = -\frac{a}{b}y^*$ とお

くと，u^* は $e_x(t) \equiv 0$（$x(t) \equiv y^*$）なる理想状態を達成する理想入力となっている．このことは，(5.1) 式において $x(t) = y^*$ を代入することで確認できる．

例題 5.1. つぎの一次のシステム：

$$\dot{x}(t) = 2x(t) + u(t) \ , \quad y(t) = x(t)$$

に対し，出力 $y(t)$ が設定値 $y^* = 5$ に追従するフィードバック制御系を設計しなさい．

解）出力追従誤差を $e(t) = y(t) - 5 = x(t) - 5$ とおくと，つぎの誤差システムを得る．

$$\dot{e}(t) = \dot{y}(t) = \dot{x}(t) = 2x(t) + u(t) = 2e(t) + 10 + u(t)$$

このとき，制御入力を

$$u(t) = -kx(t) + v(t) = -ke(t) - 5k + v(t)$$

と設計すると，誤差システムは

$$\dot{e}(t) = (2 - k)e(t) + 10 - 5k + v(t)$$

となる．よって，$v(t)$ を

$$v(t) = 5k - 10 = 5(k - 2)$$

と設計すれば，

$$\dot{e}(t) = (2 - k)e(t)$$

より，$2 - k < 0$ なる k で $e(t) \to 0$ が達成できる．したがって，制御入力は，$k > 2$ なる k に対して

$$u(t) = -kx(t) + 5(k - 2)$$

と設計すればよい．

5.1.2 状態フィードバックによるモデル出力追従制御系設計

前項で示した基本的な考え方を，より一般的な n 次のシステムへ拡張してみよう．

a. 問題設定

つぎの n 次一入出力システムを考える．

$$\begin{aligned} \dot{\boldsymbol{x}}(t) &= A\boldsymbol{x}(t) + \boldsymbol{b}u(t) \\ y(t) &= \boldsymbol{c}^T\boldsymbol{x}(t) \end{aligned} \tag{5.8}$$

このシステムの追従すべきモデル出力として，つぎの n_m 次の規範モデルを与える．

$$\begin{aligned}\dot{\boldsymbol{x}}_m(t) &= A_m\boldsymbol{x}_m(t) + \boldsymbol{b}_m u_m(t)\\ y_m(t) &= \boldsymbol{c}_m^T\boldsymbol{x}_m(t)\end{aligned} \tag{5.9}$$

このとき，ここでの問題は，状態フィードバックにより，システム (5.8) の出力 $y(t)$ が (5.9) 式の規範モデル出力 $y_m(t)$ に追従する制御系を設計することである．

b. 理 想 状 態

いま，**完全モデル出力追従**：$y(t) \equiv y_m(t),\ t \geq 0$ が達成されたときの理想状態を $\boldsymbol{x}^*(t)$，そのときの理想入力を $u^*(t)$ とおくと，**完全追従**が達成されているときのシステムは，

$$\begin{aligned}\dot{\boldsymbol{x}}^*(t) &= A\boldsymbol{x}^*(t) + \boldsymbol{b}u^*(t)\\ y_m(t) &= y^*(t) = \boldsymbol{c}^T\boldsymbol{x}^*(t)\end{aligned} \tag{5.10}$$

と表すことができる．この理想状態および理想入力の構成は次項で詳しく述べる．ここでは，(5.10) 式の理想状態および理想入力が既知（利用できる）として，状態フィードバックによる**モデル出力追従制御**系の設計法について示す．

c. モデル出力追従制御系設計

対象システム (5.8) の状態と理想状態との状態誤差を $\boldsymbol{e}_x(t) = \boldsymbol{x}(t) - \boldsymbol{x}^*(t)$，出力追従誤差を $e(t) = y(t) - y_m(t)$ とおくと，(5.8) 式および (5.10) 式より，つぎの誤差システムが得られる．

$$\begin{aligned}\dot{\boldsymbol{e}}_x(t) &= A\boldsymbol{e}_x(t) + \boldsymbol{b}(u(t) - u^*(t))\\ e(t) &= \boldsymbol{c}^T\boldsymbol{e}_x(t)\end{aligned} \tag{5.11}$$

このとき，制御入力を状態フィードバックにより

$$u(t) = -\boldsymbol{k}^T\boldsymbol{x}(t) + v(t) \tag{5.12}$$

と設計すると，誤差システムは

$$\begin{aligned}\dot{\boldsymbol{e}}_x(t) &= (A - \boldsymbol{b}\boldsymbol{k}^T)\boldsymbol{e}_x(t) - \boldsymbol{b}\boldsymbol{k}^T\boldsymbol{x}^*(t) + \boldsymbol{b}(v(t) - u^*(t))\\ &= (A - \boldsymbol{b}\boldsymbol{k}^T)\boldsymbol{e}_x(t) + \boldsymbol{b}(-\boldsymbol{k}^T\boldsymbol{x}^*(t) + v(t) - u^*(t))\end{aligned} \tag{5.13}$$

と表すことができる．したがって，

$$v(t) = \boldsymbol{k}^T\boldsymbol{x}^*(t) + u^*(t) \tag{5.14}$$

と設計し，フィードバックゲイン $\boldsymbol{k}$ を $(A - \boldsymbol{b}\boldsymbol{k}^T)$ が安定行列となるように設計すれば，誤差システムが

$$\dot{\boldsymbol{e}}_x(t) = (A - \boldsymbol{b}\boldsymbol{k}^T)\boldsymbol{e}_x(t) \tag{5.15}$$

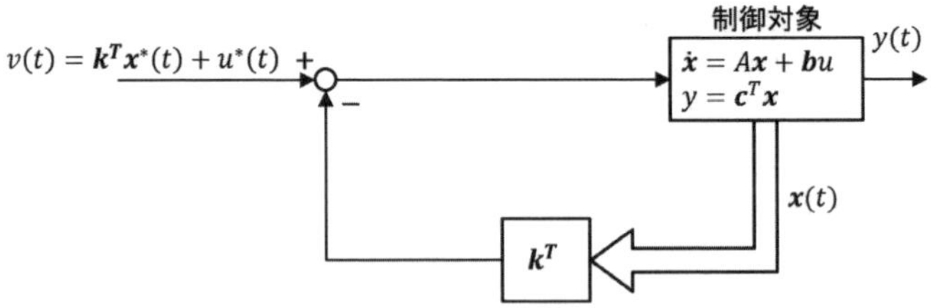

図 5.2　状態フィードバックによるモデル出力追従制御系

となることより，$\lim_{t\to\infty} \boldsymbol{e}_x(t) = 0$ が達成できる．すなわち，モデル出力追従 $\lim_{t\to\infty} y(t) = y_m(t)$ が達成できる．

$(A - \boldsymbol{b}\boldsymbol{k}^T)$ が安定行列となるフィードバックゲイン $\boldsymbol{k}$ は，前章で示された極配置法や LQ 最適制御法などを利用し設計される．最終的に設計された制御系は，図 5.2 のような構成となる．

なお，(5.12), (5.14) 式より，このときの制御入力 $u(t)$ は，状態誤差のフィードバックとして

$$u(t) = -\boldsymbol{k}^T\boldsymbol{e}_x(t) + u^*(t) \tag{5.16}$$

と表すことができる．すなわち，誤差システムを安定化する状態誤差のフィードバックに理想状態を達成する理想入力 $u^*(t)$ をフィードフォワードとして入力する構成となっている．

5.1.3　完全モデル出力追従を達成する理想状態と理想入力

上述の状態フィードバックによるモデル出力追従制御系の設計には，**完全モデル出力追従**を達成する理想状態および理想入力が既知でなければならない．この完全追従を達成する理想状態および理想入力はつぎのようにして与えられたモデルの状態量を利用して導出することができる．

いま (5.8) 式および (5.9) 式で与えられる n 次一入出力システム：

$$\dot{\boldsymbol{x}}(t) = A\boldsymbol{x}(t) + \boldsymbol{b}u(t)$$
$$y(t) = \boldsymbol{c}^T\boldsymbol{x}(t)$$

および n_m 次の規範モデル：

$$\dot{\boldsymbol{x}}_m(t) = A_m\boldsymbol{x}_m(t) + \boldsymbol{b}_m u_m(t)$$
$$y_m(t) = \boldsymbol{c}_m^T\boldsymbol{x}_m(t)$$

を考える．ただし，$n \geq n_m$ とする．

このとき，完全モデル出力追従を達成する理想状態と理想入力に関してつぎの **CGT**（Command Generator Tracker）**理論**が知られている[14,27]．

定理 5.1 (Command Generator Tracker：CGT 理論)**.** つぎの仮定が満足されているとする．

仮定 5.1.

1）

$$\mathrm{rank}\begin{bmatrix} A & \boldsymbol{b} \\ \boldsymbol{c}^T & 0 \end{bmatrix} = n+1 \tag{5.17}$$

2）Ω_{ij} を

$$\begin{bmatrix} A & \boldsymbol{b} \\ \boldsymbol{c}^T & 0 \end{bmatrix}\begin{bmatrix} \Omega_{11} & \Omega_{12} \\ \Omega_{21} & \Omega_{22} \end{bmatrix} = I_{n+1} \tag{5.18}$$

の解とするとき，Ω_{11} の固有値は A_m の固有値の逆数と一致しない．

このとき，完全モデル出力追従：$y(t) \equiv y_m(t)$ を達成する理想入力 $u^*(t)$ およびそのときの理想状態 $\boldsymbol{x}^*(t)$ は

$$\begin{bmatrix} \boldsymbol{x}^*(t) \\ u^*(t) \end{bmatrix} = \begin{bmatrix} S_{11} & S_{12} \\ S_{21} & S_{22} \end{bmatrix}\begin{bmatrix} \boldsymbol{x}_m(t) \\ u_m(t) \end{bmatrix} + \begin{bmatrix} \Omega_{11} \\ \Omega_{21} \end{bmatrix} v(t) \tag{5.19}$$

$$\Omega_{11}\dot{v}(t) = v(t) - S_{12}\dot{u}_m(t), \quad v(0) = 0 \tag{5.20}$$

と与えられる．ここに，

$$\begin{aligned} S_{11} &= \Omega_{11}S_{11}A_m + \Omega_{12}\boldsymbol{c}_m^T \\ S_{12} &= \Omega_{11}S_{11}\boldsymbol{b}_m \\ S_{21} &= \Omega_{21}S_{11}A_m + \Omega_{22}\boldsymbol{c}_m^T \\ S_{22} &= \Omega_{21}S_{11}\boldsymbol{b}_m \end{aligned} \tag{5.21}$$

である．

例題 5.2. 以下のシステムにおいて，出力 $y(t)$ が $y_m(t) = \sin\omega t$ への完全追従を達成するための理想状態および理想入力を求めなさい．

$$\begin{aligned} \dot{\boldsymbol{x}}(t) &= \begin{bmatrix} 0 & 1 \\ -2 & -3 \end{bmatrix}\boldsymbol{x}(t) + \begin{bmatrix} 0 \\ 1 \end{bmatrix}u(t) \\ y(t) &= [1 \ \ 0]\boldsymbol{x}(t) \end{aligned}$$

解）$y_m(t) = \sin \omega t$ の信号を出力する規範モデルは，例えば

$$\begin{aligned} \dot{\boldsymbol{x}}_m(t) &= \begin{bmatrix} 0 & \omega \\ -\omega & 0 \end{bmatrix} \boldsymbol{x}_m(t), \quad \boldsymbol{x}_m(0) = \begin{bmatrix} 0 \\ 1 \end{bmatrix} \\ y_m(t) &= [1 \ \ 0]\boldsymbol{x}_m(t) \end{aligned}$$

で与えられる．このとき，対象システムに対して，(5.18) 式より，

$$\begin{bmatrix} \Omega_{11} & \Omega_{12} \\ \Omega_{21} & \Omega_{22} \end{bmatrix} = \begin{bmatrix} 0 & 0 & 1 \\ 1 & 0 & 0 \\ 3 & 1 & 2 \end{bmatrix}$$

すなわち，

$$\Omega_{11} = \begin{bmatrix} 0 & 0 \\ 1 & 0 \end{bmatrix}, \ \Omega_{12} = \begin{bmatrix} 1 \\ 0 \end{bmatrix}, \ \Omega_{21} = [3 \ 1], \ \Omega_{22} = 2$$

となることから，(5.21) 式より，

$$S_{11} = \begin{bmatrix} 1 & 0 \\ 0 & \omega \end{bmatrix}, \quad S_{12} = 0, \quad S_{21} = [2 - \omega^2 \ \ 3\omega], \quad S_{22} = 0$$

を得る．よって，理想状態および理想入力は

$$\boldsymbol{x}^*(t) = S_{11}\boldsymbol{x}_m(t), \quad u^*(t) = S_{21}\boldsymbol{x}_m(t)$$

と与えられる．なお，与えた規範モデルでは，$\boldsymbol{x}_m(t) = [\sin \omega t \quad \cos \omega t]^T$ と得られるので，結局，$\boldsymbol{x}^*(t) = [\sin \omega t \quad \omega \cos \omega t]^T$，$u^*(t) = (2 - \omega^2)\sin(\omega t) + 3\omega \cos \omega t$ となる．また，これらが理想状態および理想入力となっていることは，$\boldsymbol{x}^*(t)$, $u^*(t)$ を対象システムに代入することで簡単に確認できる．

5.2 内部モデル原理に基づくトラッキング制御

5.2.1 内部モデル原理

外乱の影響を抑えて時間とともに変化する目標値にシステムの出力を追従させることは，制御系設計における最大の目的の一つである．もし目標値信号や外乱信号のモデルが既知であれば，モデルの特性をフィードバック制御系に含ませることで，上述の目的を達成する制御系を簡単に設計することができる．

いま，図 5.3 に示されるフィードバック制御系を考えよう．ここに，$G(s)$ は対象システムであり，$C(s)$ はコントローラである．また，$y(t)$ は出力，$r(t)$ は目標値，$d(t)$ はシステムに印加される外乱である．

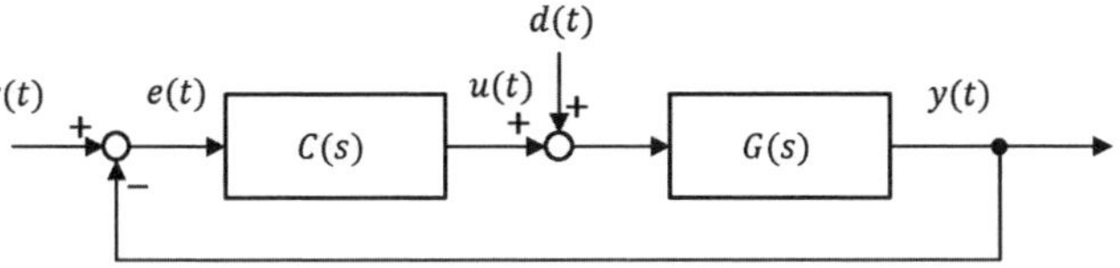

図 5.3 フィードバック制御系

ここで，対象システムが

$$G(s) = \frac{n(s)}{d(s)} \tag{5.22}$$

と表されるものとし，コントローラは

$$C(s) = \frac{n_c(s)}{d_c(s)} \tag{5.23}$$

と与えられ，構成された閉ループ系が安定となるように，すなわち，

$$d_{cl}(s) = d(s)d_c(s) + n(s)n_c(s) \tag{5.24}$$

が安定多項式となるように設計されているものとする．

このとき，出力追従誤差を $e(t) = r(t) - y(t)$ とおき，目標値 $r(t)$ から $e(t)$ までの誤差システムは，

$$\begin{aligned} E(s) &= \frac{1}{1 + C(s)G(s)}R(s) - \frac{G(s)}{1 + C(s)G(s)}D(s) \\ &= \frac{d(s)d_c(s)}{d(s)d_c(s) + n(s)n_c(s)}R(s) - \frac{n(s)d_c(s)}{d(s)d_c(s) + n(s)n_c(s)}D(s) \end{aligned} \tag{5.25}$$

と表すことができる．ここに，$E(s)$, $R(s)$, $D(s)$ はそれぞれ，$e(t)$, $r(t)$, $d(t)$ のラプラス変換である．

ここで，$r(t)$, $d(t)$ が一定値や正弦波などの $t \to \infty$ で 0 に収束しない信号であるとし，

$$R(s) = \frac{n_r(s)}{\phi(s)d_r(s)}, \quad D(s) = \frac{n_d(s)}{\phi(s)d_d(s)} \tag{5.26}$$

と表されるものとするとき，コントローラの分母多項式が $R(s)$ と $D(s)$ の分母多項式の最小公倍数を含むように設計されているとする．すなわち，目標値と外乱の共通モデルにより

$$d_c(s) = d_{c0}(s)\phi(s)d_r(s)d_d(s) \tag{5.27}$$

と設計されているとすると，(5.25) 式より，

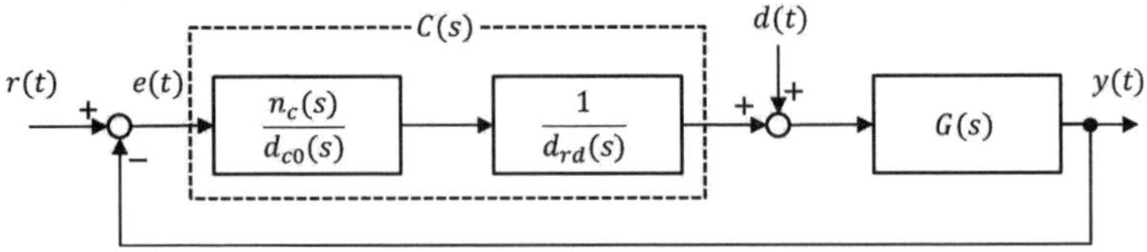

図 5.4　内部モデル原理によるフィードバック制御系

$$E(s) = \frac{d(s)d_{c0}(s)n_r(s)d_d(s) - n(s)d_{c0}(s)d_r(s)n_d(s)}{d(s)d_c(s) + n(s)n_c(s)} \tag{5.28}$$

を得る．仮定より，$d(s)d_c(s) + n(s)n_c(s)$ が安定多項式なので $E(s)$ の極はすべて安定である．すなわち，

$$\lim_{t\to\infty} e(t) = \lim_{t\to\infty} (r(t) - y(t)) = 0$$

が得られる．なお，$d_c(s)$ は，目標値および外乱モデル：$d_{rd}(s) = \phi(s)d_r(s)d_d(s)$ を含むように設計されるため任意に与えることはできないが，$d_{rd}(s)$ と $n(s)$ が共通因子をもたなければ，必ず (5.24) 式を安定化する $d_{c0}(s)$ および $n_c(s)$ が存在する．よって，コントローラに目標値と外乱の共通モデル $d_{rd}(s)$ を含ませ，安定化補償器 $n_c(s)/d_{c0}(s)$ を用いて

$$C(s) = \frac{n_c(s)}{d_c(s)} = \frac{n_c(s)}{d_{c0}(s)}\frac{1}{d_{rd}(s)} \tag{5.29}$$

と設計することで，外乱の存在下でも，出力追従誤差を $t \to \infty$ で 0 に収束させるフィードバック制御系を設計することができる．これが**内部モデル原理**である．

図 5.4 に内部モデル原理によるフィードバック制御系の構成図を示す．

なお，多くの場合，目標値モデルや外乱モデルは

$$\begin{aligned} \dot{\boldsymbol{x}}_r(t) &= A_r \boldsymbol{x}_r(t) \\ r(t) &= \boldsymbol{c}_r^T \boldsymbol{x}_r(t) \end{aligned} \tag{5.30}$$

なる形のモデル，または，展開した形で

$$r^{(n)}(t) + \alpha_n r^{(n-1)}(t) + \cdots + \alpha_2 \dot{r}(t) + \alpha_1 r(t) = 0 \tag{5.31}$$

を満足する信号 $r(t)$ として与えられる．この場合の内部モデルは

$$d_{rd}(s) = \det(sI - A_r) = s^n + \alpha_n s^{n-1} + \cdots + \alpha_2 s + \alpha_1 \tag{5.32}$$

となる．

例題 5.3. あるシステムの出力を一定値 $r(t) = r^*$ に追従させたい．このとき，(5.29) 式で与えられるコントローラ $C(s)$ に含ませる内部モデル $d_{rd}(s)$ を求めなさい．また，

$r(t) = \sin\omega t$ のときは，$d_{rd}(s)$ をどう設計すればよいか考えなさい．

解）

$$R(s) = \frac{r^*}{s}$$

より，$d_{rd}(s) = s$ とすればよい．また，$r(t) = \sin\omega t$ のときは，

$$R(s) = \frac{\omega}{s^2 + \omega^2}$$

より，$d_{rd}(s) = s^2 + \omega^2$ と設計すればよい．

なお，$r(t) = r^*$ のとき $\dot{r}(t) = 0$ であり，$r(t) = \sin\omega t$ のときは，$\ddot{r}(t)+\omega^2 r(t) = 0$ である．このことからも，$r(t) = r^*$ のとき $d_{rd}(s) = s$，$r(t) = \sin\omega t$ のとき $d_{rd}(s) = s^2+\omega^2$ であることがわかる．

5.2.2 内部モデル原理に基づく状態フィードバック制御—積分動作を含む制御系設計—

a. 問題設定

つぎの一定値外乱 d を含む可制御・可観測な n 次一入出力システムを考えよう．

$$\begin{aligned} \dot{\boldsymbol{x}}(t) &= A\boldsymbol{x}(t) + \boldsymbol{b}u(t) + \boldsymbol{b}_d d \\ y(t) &= \boldsymbol{c}^T\boldsymbol{x}(t) \end{aligned} \tag{5.33}$$

このシステムの出力 $y(t)$ をある目標値 $r(t) = r^*$（一定値）に追従させる制御系を設計することがここでの問題である．

b. 誤差システムの導出

いま，$\boldsymbol{x}_a(t) = \dot{\boldsymbol{x}}(t)$ とおくと，(5.33) より

$$\dot{\boldsymbol{x}}_a(t) = A\boldsymbol{x}_a(t) + \boldsymbol{b}u_e(t), \quad u_e(t) = \dot{u}(t) \tag{5.34}$$

を得る．また，出力追従誤差を $e(t) = y(t) - r(t) = y(t) - r^*$ とおくと

$$\dot{e}(t) = \boldsymbol{c}^T\dot{\boldsymbol{x}}(t) = \boldsymbol{c}^T\boldsymbol{x}_a(t) \tag{5.35}$$

が得られる．したがって，$(n+1)$ 次の新しい状態ベクトル $\boldsymbol{x}_e(t) = [\boldsymbol{x}_a(t)^T,\ e(t)]^T$ を考えると $u_e(t) = \dot{u}(t)$ を入力，$e(t)$ を出力とする誤差システム：

$$\begin{aligned} \dot{\boldsymbol{x}}_e(t) &= A_e\boldsymbol{x}_e(t) + \boldsymbol{b}_e u_e(t) \\ e(t) &= \boldsymbol{c}_e^T\boldsymbol{x}_e(t) \end{aligned} \tag{5.36}$$

が得られる．ここに，

$$A_e = \begin{bmatrix} A & \boldsymbol{0} \\ \boldsymbol{c}^T & 0 \end{bmatrix}, \quad \boldsymbol{b}_e = \begin{bmatrix} \boldsymbol{b} \\ 0 \end{bmatrix}, \quad \boldsymbol{c}_e^T = [0\ \cdots\ 0\ 1]$$

である．元のシステム $(A, \boldsymbol{b}, \boldsymbol{c})$ が可制御・可観測であり，

$$\mathrm{rank}\begin{bmatrix} A & \boldsymbol{b} \\ \boldsymbol{c}^T & 0 \end{bmatrix} = n+1 \tag{5.37}$$

であれば，このシステムは，可制御・可観測である．

c.　状態フィードバック制御系設計

システム (5.36) が可制御・可観測であれば，状態フィードバックにより閉ループ系が安定となるようにシステム (5.36) の制御入力 $u_e(t)$ を

$$u_e(t) = -\boldsymbol{k}^T \boldsymbol{x}_e(t) \tag{5.38}$$

と設計できる．ここに，$\boldsymbol{k}$ は $(A_e - \boldsymbol{b}_e \boldsymbol{k}^T)$ が安定行列となるように設計されるフィードバックゲインである．

$u_e(t) = \dot{u}(t)$ であり，$\boldsymbol{x}_e(t) = [\dot{\boldsymbol{x}}(t)^T,\ e(t)]^T$ であることから，$\boldsymbol{k}^T = [\boldsymbol{k}_x^T,\ k_e]$ とおくと (5.38) 式は，

$$\dot{u}(t) = -\boldsymbol{k}_x^T \dot{\boldsymbol{x}}(t) - k_e e(t) \tag{5.39}$$

と表すことができる．したがって，(5.39) 式を積分することにより，実際の制御入力は

$$u(t) = -\boldsymbol{k}_x^T \boldsymbol{x}(t) - k_e \int_0^t e(\tau) d\tau \tag{5.40}$$

と得られる．図 5.5 に得られた制御系の構成図を示す．フィードバックループに積分器が組み込まれる形となり，内部モデル原理に基づく制御系となっていることがわかる．

例題 5.4. つぎのシステム：

$$\dot{x}(t) = 2x(t) + 3u(t)$$

に対し，$x(t)$ がある一定値 r に追従する制御系を設計しなさい．

解）追従誤差を $e(t) = x(t) - r$ とおくと

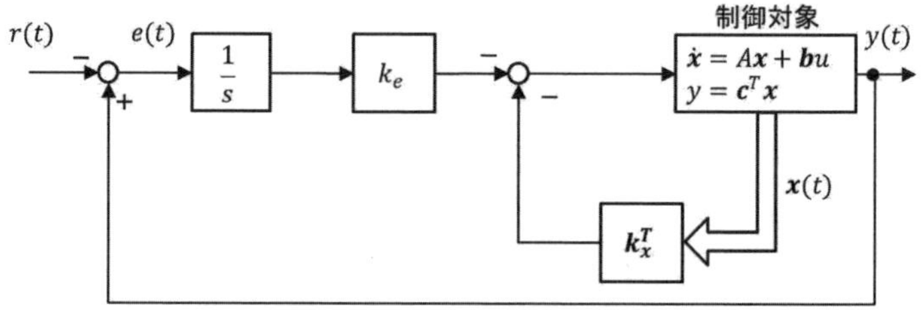

図 5.5　内部モデル原理による積分動作を含むフィードバック制御系

$$\dot{e}(t) = \dot{x}(t)$$

を得る．したがって，

$$\ddot{x}(t) = 2\dot{x}(t) + 3\dot{u}(t)$$

より，$\boldsymbol{x}_e(t) = [\dot{x}(t),\ e(t)]^T$ とおくと，つぎの誤差システムを得る．

$$\dot{\boldsymbol{x}}_e(t) = \begin{bmatrix} 2 & 0 \\ 1 & 0 \end{bmatrix} \boldsymbol{x}_e(t) + \begin{bmatrix} 3 \\ 0 \end{bmatrix} \dot{u}(t)$$
$$e(t) = [0\ 1]\boldsymbol{x}_e(t)$$

この誤差システムに対して，$\dot{u}(t)$ を

$$\dot{u}(t) = -[k_1\ k_2]\boldsymbol{x}_e(t)$$

と設計すると，構成された閉ループ系は

$$\dot{\boldsymbol{x}}_e(t) = \begin{bmatrix} 2-3k_1 & -3k_2 \\ 1 & 0 \end{bmatrix} \boldsymbol{x}_e(t)$$

となる．この閉ループ系の特性方程式は

$$\det\left(sI - \begin{bmatrix} 2-3k_1 & -3k_2 \\ 1 & 0 \end{bmatrix}\right) = s^2 + (3k_1 - 2)s + 3k_2$$

であり，$k_1 > 2/3,\ k_2 > 0$ で安定である．よって，このような k_1, k_2 に対して

$$\dot{u}(t) = -k_1\dot{x}(t) - k_2 e(t)$$

より，

$$u(t) = -k_1 x(t) - k_2 \int_0^t e(\tau)d\tau$$

と設計すればよい．

5.2.3 内部モデル原理に基づく状態フィードバック制御—一般的な設計法—

a. 問題設定

つぎの外乱 $d(t)$ を含む可制御・可観測な n 次一入出力システム：

$$\begin{aligned} \dot{\boldsymbol{x}}(t) &= A\boldsymbol{x}(t) + \boldsymbol{b}u(t) + \boldsymbol{b}_d d(t) \\ y(t) &= \boldsymbol{c}^T\boldsymbol{x}(t) \end{aligned} \tag{5.41}$$

に対して，その出力を時間とともに変化する目標値 $r(t)$ に追従させる問題を考えよう．以下では，外乱 $d(t)$ および目標値 $r(t)$ が次のモデルにより生成されるものとする．

$$\begin{aligned}\dot{\boldsymbol{w}}(t) &= A_w \boldsymbol{w}(t)\\ r(t) &= \boldsymbol{c}_m^T \boldsymbol{w}(t)\\ d(t) &= \boldsymbol{c}_d^T \boldsymbol{w}(t)\end{aligned} \tag{5.42}$$

ここで,

$$\det(sI - A_w) = s^{n_w} + \beta_{n_w} s^{n_w - 1} + \cdots + \beta_2 s + \beta_1$$

と表されるとすると, $r(t)$ および $d(t)$ は

$$r^{(n_w)}(t) + \beta_{n_w} r^{(n_w-1)}(t) + \cdots + \beta_2 \dot{r}(t) + \beta_1 r(t) = 0 \tag{5.43}$$

$$d^{(n_w)}(t) + \beta_{n_w} d^{(n_w-1)}(t) + \cdots + \beta_2 \dot{d}(t) + \beta_1 d(t) = 0 \tag{5.44}$$

を満足する.

b. 誤差システムの導出

外乱および目標値モデルに合わせて, 新しい状態ベクトル：

$$\boldsymbol{x}_a(t) := \boldsymbol{x}^{(n_w)}(t) + \beta_{n_w} \boldsymbol{x}^{(n_w-1)}(t) + \cdots + \beta_2 \dot{\boldsymbol{x}}(t) + \beta_1 \boldsymbol{x}(t)$$

を定義する. このとき, (5.41) 式より,

$$\dot{\boldsymbol{x}}_a(t) = A\boldsymbol{x}_a(t) + \boldsymbol{b}u_e(t) \tag{5.45}$$

と表すことができる. ここに,

$$u_e(t) = u^{(n_w)}(t) + \beta_{n_w} u^{(n_w-1)}(t) + \cdots + \beta_2 \dot{u}(t) + \beta_1 u(t) \tag{5.46}$$

である. また, 出力追従誤差を $e(t) = y(t) - r(t)$ とおくと, (5.43) 式より

$$e^{(n_w)}(t) + \beta_{n_w} e^{(n_w-1)}(t) + \cdots + \beta_2 \dot{e}(t) + \beta_1 e(t) = \boldsymbol{c}^T \boldsymbol{x}_a(t) \tag{5.47}$$

が得られる. よって, $(n + n_w)$ 次の新しい状態ベクトル $\boldsymbol{x}_e(t) := [\boldsymbol{x}_a(t)^T,\ e(t),\ \dot{e}(t), \cdots, e^{(n_w-1)}(t)]^T$ を考えると, $u_e(t)$ を入力, $e(t)$ を出力とする誤差システム：

$$\begin{aligned}\dot{\boldsymbol{x}}_e(t) &= A_e \boldsymbol{x}_e(t) + \boldsymbol{b}_e u_e(t)\\ e(t) &= \boldsymbol{c}_e^T \boldsymbol{x}_e(t)\end{aligned} \tag{5.48}$$

を得る. ここに,

$$A_e = \begin{bmatrix} A & \mathbf{0} & \mathbf{0} & \cdots & & \cdots & \mathbf{0} \\ \mathbf{0} & 0 & 1 & 0 & \cdots & \cdots & 0 \\ \mathbf{0} & 0 & 0 & 1 & 0 & \cdots & 0 \\ \vdots & \vdots & \vdots & & & \cdots & \\ \vdots & \vdots & \vdots & \vdots & \vdots & \ddots & 0 \\ \mathbf{0} & 0 & 0 & 0 & \cdots & 0 & 1 \\ \boldsymbol{c}^T & -\beta_1 & -\beta_2 & -\beta_3 & \cdots & -\beta_{n_w-1} & -\beta_{n_w} \end{bmatrix}, \quad \boldsymbol{b}_e = \begin{bmatrix} \boldsymbol{b} \\ \mathbf{0} \end{bmatrix}$$

$$\boldsymbol{c}_e^T = [0, \cdots, 0, 1, 0, \cdots, 0]$$

である．

c. 状態フィードバック制御系設計

システム (5.48) が可制御・可観測であるとする．このとき，$(A_e - \boldsymbol{b}_e \boldsymbol{k}^T)$ を安定化行列とする $\boldsymbol{k}$ を用いて制御入力 $u_e(t)$ を状態フィードバックにより，

$$u_e(t) = -\boldsymbol{k}^T \boldsymbol{x}_e(t) \tag{5.49}$$

と設計することにより，制御系を安定化できる．ただし，ここで求めた制御入力は実際の制御入力ではない．実際の制御入力 $u(t)$ は，(5.46) 式の解として与えられる．

いま，$\boldsymbol{k}^T := [\boldsymbol{k}_x^T, k_{e1}, k_{e2}, \cdots, k_{en_w}]$ とおくと，

$$u_e(t) = -\boldsymbol{k}_x^T \boldsymbol{x}_a(t) - k_{e1} e(t) - k_{e2} \dot{e}(t) - \cdots - k_{en_w} e^{(n_w-1)}(t) \tag{5.50}$$

と表せる．よって，実際の制御入力は

$$u(t) = -\boldsymbol{k}_x^T \boldsymbol{x}(t) - u_I(t) \tag{5.51}$$

と得られる．ここに，$u_I(t)$ は，$e(t)$ を入力とするつぎのフィルタ出力である．

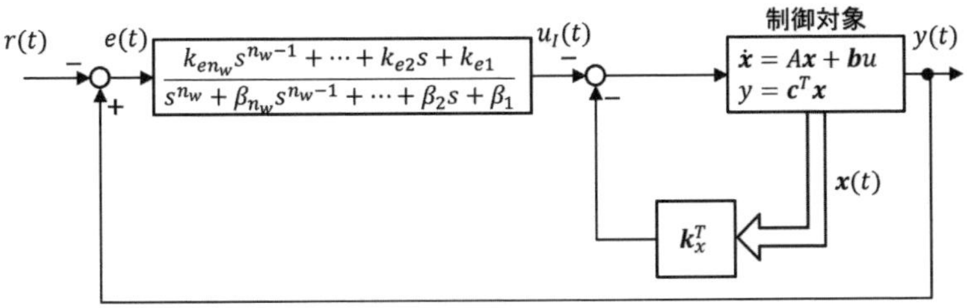

図 5.6 内部モデル原理による状態フィードバック制御系

$$u_I(t) = \frac{k_{en_w}s^{n_w-1} + \cdots + k_{e2}s + k_{e1}}{s^{n_w} + \beta_{n_w}s^{n_w-1} + \cdots + \beta_2 s + \beta_1}[e(t)] \tag{5.52}$$

外乱および目標値信号の内部モデルによるフィルタとなっていることがわかる．なお，$F(s)[u(t)]$ の表記は，システム $F(s)$ に入力 $u(t)$ を印加したときの出力を表すものとする．図 5.6 に設計された制御系の構成図を示す．

演 習 問 題

問題 5.1. つぎのシステム

$$\dot{x}(t) = 3x(t) + 2u(t)$$

に対し，$x(t)$ が $y_m(t) = \sin\omega t$ に追従するフィードバック系を設計しなさい．ただし，設計された閉ループ系の極が $s = -3$ となるようにしなさい．

問題 5.2. 1 軸のロボットアームのモデルは，回転角を $\theta(t)$，与えられるモータトルクを $\tau(t)$ とすると

$$J\ddot{\theta}(t) = \tau(t) \quad (J：アームの慣性モーメント)$$

と表すことができる．このとき，回転角 $\theta(t)$ が $\theta_m(t) = \sin\omega t$ に完全追従しているときの理想状態 $\theta^*(t), \dot{\theta}^*(t)$ および理想入力 $\tau^*(t)$ を求めなさい．

問題 5.3. 問題 5.2 において，アームの回転角 θ が $\theta_m = \sin\omega t$ に追従する制御系を状態フィードバックにより設計しなさい．

問題 5.4. 伝達関数

$$G(s) = \frac{b}{s+a}, \quad a, b > 0$$

で表されるシステムに対し，図 5.3 のようなフィードバック制御系を考える．$r(t) = r$(一定)，$d(t) = d$(一定) とするとき，$y(t) \to r$ となるコントローラ $C(s)$ を設計しなさい．

問題 5.5. 例題 5.4 のシステムに一定値外乱 d が印可されているシステム

$$\dot{x}(t) = 2x(t) + 3u(t) + d$$

を考える．このとき，外乱の大きさのいかんにかかわらず，$\lim_{t\to\infty} x(t) = 0$ となる制御系を設計しなさい．

6 オブザーバの設計

前章までに学習した状態フィードバック制御系の設計では，制御対象の内部状態である状態ベクトル（状態量）$\boldsymbol{x}(t)$ が測定でき，かつ必要に応じて利用可能であるという前提で設計を行ってきた．しかしながら，実際のシステムが必ずしも状態変数を測定できるとは限らず，状態フィードバックにより制御系を構成するためには，利用できるデータから状態変数を推定する**オブザーバ**（**状態観測器**）を用いて，測定不可能なシステムの状態ベクトル $\boldsymbol{x}(t)$ を推定し，その推定値をフィードバックする制御系を設計する必要がある．本章では，オブザーバの基本的な構成ならびに，状態推定が行える仕組みを説明し，推定した状態変数を用いたフィードバック制御系の設計法について述べる．

6.1 オ ブ ザ ー バ

オブザーバの基本的な考え方は，システムのパラメータならびに，操作量 $u(t)$，制御量 $y(t)$ のデータを用いて，システムの内部状態である状態ベクトル $\boldsymbol{x}(t)$ を推定することである．

いま，以下の状態空間表現：

$$\begin{aligned} \dot{\boldsymbol{x}}(t) &= A\boldsymbol{x}(t) + \boldsymbol{b}u(t) \\ y(t) &= \boldsymbol{c}^T\boldsymbol{x}(t) \end{aligned} \tag{6.1}$$

で表されるシステムを考える．このシステムが可観測であり，パラメータ $(A, \boldsymbol{b}, \boldsymbol{c})$ が既知であれば，入出力信号 $u(t), y(t)$ を用いて，以下のようなオブザーバが設計できる．

$$\dot{\hat{\boldsymbol{x}}}(t) = A\hat{\boldsymbol{x}}(t) + \boldsymbol{b}u(t) + \boldsymbol{g}(y(t) - \hat{y}(t)) \tag{6.2}$$

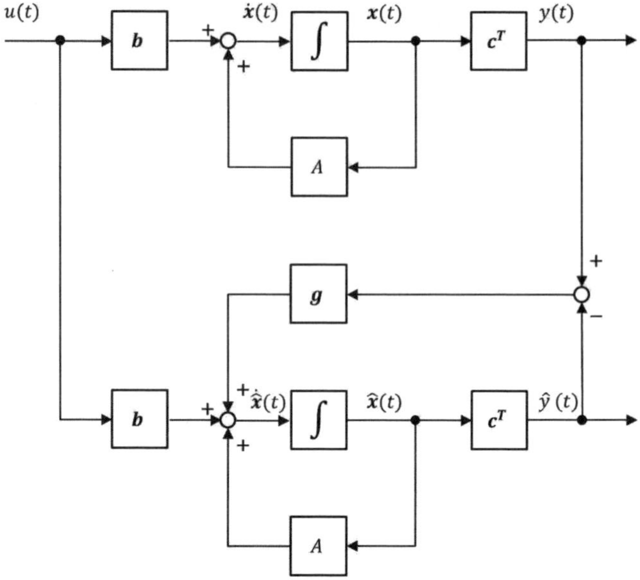

図 6.1 オブザーバのブロック線図

$$\hat{y}(t) = \boldsymbol{c}^T \hat{\boldsymbol{x}}(t) \tag{6.3}$$

ここで，$\hat{\boldsymbol{x}}(t)$ は $\boldsymbol{x}(t)$ の推定値で，$\hat{y}(t)$ は推定出力，$\boldsymbol{g}$ は**オブザーバゲイン**と呼ばれる推定誤差に対する調整ゲインである．

オブザーバは図 6.1 に示されるように構成される．システムと同じ入出関係のモデルを並列に構成し，同じ操作量を与えることで状態の変化を推定する構成になっている．もし，制御対象の初期状態 $\boldsymbol{x}(0)$ がオブザーバの初期状態 $\hat{\boldsymbol{x}}(0)$ と同じ値をもつとき，同じ操作量を印加した場合，状態変数 $\boldsymbol{x}(t)$ と推定値 $\hat{\boldsymbol{x}}(t)$ が一致することは自明である．しかし実際には制御対象の初期状態が未知であるため，実際の状態量と推定値の値は初期値の誤差分だけずれる．そこで，修正項として，$\boldsymbol{g}(y(t) - \hat{y}(t))$ により実際の出力と推定出力の誤差をフィードバックすることで出力誤差を修正し，状態ベクトル $\boldsymbol{x}(t)$ とその推定値 $\hat{\boldsymbol{x}}(t)$ とを一致させる構造となっている．

6.2　オブザーバゲインの設計と誤差システム

6.2.1　基本的概念

ここでは，オブザーバゲイン $\boldsymbol{g}$ の設計の考え方と，$\boldsymbol{g}$ を適切に設計することにより，状態推定誤差が $t \to \infty$ において $\boldsymbol{0}$ に収束することを示す．

いま，状態ベクトル $\boldsymbol{x}(t)$ とその推定値 $\hat{\boldsymbol{x}}(t)$ の誤差（状態推定誤差）として，

$$\boldsymbol{\epsilon}(t) := \boldsymbol{x}(t) - \hat{\boldsymbol{x}}(t) \tag{6.4}$$

を定義する．$\boldsymbol{\epsilon}(t)$ の時間微分を求めると (6.1)，(6.2) 式より，

$$\begin{aligned}\dot{\boldsymbol{\epsilon}}(t) &= \dot{\boldsymbol{x}}(t) - \dot{\hat{\boldsymbol{x}}}(t) \\ &= A\boldsymbol{x}(t) + \boldsymbol{b}u(t) - [A\hat{\boldsymbol{x}}(t) + \boldsymbol{b}u(t) + \boldsymbol{g}\{y(t) - \hat{y}(t)\}]\end{aligned} \tag{6.5}$$

が得られる．さらに，$y(t), \hat{y}(t)$ に (6.1)，(6.3) 式をそれぞれ代入すると，

$$\dot{\boldsymbol{\epsilon}}(t) = A\underbrace{\{\boldsymbol{x}(t) - \hat{\boldsymbol{x}}(t)\}}_{\boldsymbol{\epsilon}(t)} - \boldsymbol{g}\boldsymbol{c}^T\underbrace{\{\boldsymbol{x}(t) - \hat{\boldsymbol{x}}(t)\}}_{\boldsymbol{\epsilon}(t)} \tag{6.6}$$

と表せることから，状態推定誤差システムは

$$\dot{\boldsymbol{\epsilon}}(t) = F\boldsymbol{\epsilon}(t) \quad , \quad F = A - \boldsymbol{g}\boldsymbol{c}^T \tag{6.7}$$

と表すことができる．

したがって，$F = A - \boldsymbol{g}\boldsymbol{c}^T$ が安定行列になるように，オブザーバゲイン $\boldsymbol{g}$ が設計できれば状態推定誤差システムが安定，すなわち，

$$\lim_{t\to\infty} \boldsymbol{\epsilon}(t) = \boldsymbol{0} \tag{6.8}$$

が得られることがわかる．

以上のように，F により，状態推定誤差システムの極が指定でき，F を安定行列に設定することにより，状態ベクトルの推定が可能となる．なお，F を用いるとオブザーバは

$$\dot{\hat{\boldsymbol{x}}}(t) = F\hat{\boldsymbol{x}}(t) + \boldsymbol{g}y(t) + \boldsymbol{b}u(t) \tag{6.9}$$

とも表すことができる．すなわち，F によりオブザーバの極も指定される．

F が任意の極をもつように設計できる必要十分条件は，システムが可観測であることである．[▶ p.101]

例題 6.1. いま，以下の状態空間表現で与えられるシステムに対するオブザーバを設計するとき，オブザーバの極が $s=-2,-3$ となるオブザーバゲイン $\boldsymbol{g}$ を求めなさい．

$$\dot{\boldsymbol{x}}(t)=\begin{bmatrix}0 & 1\\ -2 & -3\end{bmatrix}\boldsymbol{x}(t)+\begin{bmatrix}0\\ 1\end{bmatrix}u(t) \tag{6.10}$$

$$y(t)=\begin{bmatrix}1 & -1\end{bmatrix}\boldsymbol{x}(t) \tag{6.11}$$

解）(6.7) 式より，状態推定誤差システムは

$$\begin{aligned}\dot{\boldsymbol{\epsilon}}(t)&=(A-\boldsymbol{g}\boldsymbol{c}^T)\boldsymbol{\epsilon}(t)\\ &=\left(\begin{bmatrix}0 & 1\\ -2 & -3\end{bmatrix}-\begin{bmatrix}g_1\\ g_2\end{bmatrix}\begin{bmatrix}1-1\end{bmatrix}\right)\boldsymbol{\epsilon}(t)\\ &=\begin{bmatrix}-g_1 & 1+g_1\\ -2-g_2 & -3+g_2\end{bmatrix}\boldsymbol{\epsilon}(t)\end{aligned}$$

と表される．したがって，状態推定誤差システムの特性方程式を求めると

$$\begin{aligned}\left|sI-\begin{bmatrix}-g_1 & 1+g_1\\ -2-g_2 & -3+g_2\end{bmatrix}\right|&=(s+g_1)(s+3-g_2)+(1+g_1)(2+g_2)\\ &=s^2+(3+g_1-g_2)s+(2+5g_1+g_2)\end{aligned}$$

となり，これが所望の特性方程式 $(s+2)(s+3)=s^2+5s+6$ と一致すればよい．係数比較により $\boldsymbol{g}$ を求めると，

$$\boldsymbol{g}=[g_1\ g_2]^T=[1\ \ -1]^T$$

が得られる．

例題 6.1 で求めたオブザーバゲインを用いたオブザーバにより推定した際のシステムの出力 $y(t)$ とその推定値 $\hat{y}(t)$ の波形を図 6.2 に示す．システムとオブザーバの初期値はそれぞれ，$y(0)=-2$ と $\hat{y}(0)=0$ と異なる値からスタートしている

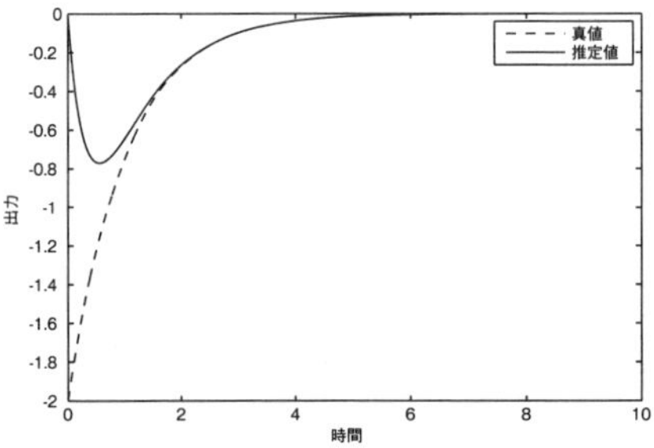

図 6.2　出力推定結果（誤差系の極：$-2,-3$）

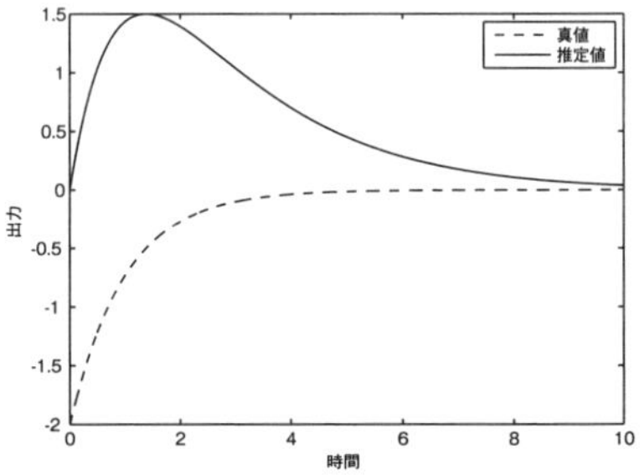

図 6.3　出力推定結果（誤差系の極：$-1,-1.5$）

が，オブザーバゲインを用いた誤差のフィードバックにより，最終的に推定出力が実際の出力と一致していることがわかる．さらに，比較のためオブザーバの極を半分の $(-1, -1.5)$ にしたときの波形を図 6.3 に示す．この図より，オブザーバの極もフィードバック制御系の場合と同様に，極の選び方で推定値 $\hat{y}(t)$ の収束速度が調整できることがわかる．

6.2.2　可観測正準形に対する設計

ここでは，3 章で説明した正準形の一つである可観測正準形を用いたオブザーバゲインの設計方法について説明する．いま，システム (6.1) の伝達関数が

$$
\begin{aligned}
G(s) &= \boldsymbol{c}^T(sI - A)^{-1}\boldsymbol{b} \\
&= \frac{b_n s^{n-1} + \cdots + b_2 s + b_1}{s^n + a_n s^{n-1} + \cdots + a_2 s + a_1}
\end{aligned} \tag{6.12}
$$

と与えられるとする．このとき，3.2.2 項の定理 3.5 に示される変換行列 $T = SM_o$ を用いて

$$
\bar{\boldsymbol{x}}(t) = T\boldsymbol{x}(t) \tag{6.13}
$$

と変数変換を施すことによって可観測正準形

$$
\dot{\bar{\boldsymbol{x}}}(t) = \bar{A}\bar{\boldsymbol{x}}(t) + \bar{\boldsymbol{b}}u(t) \tag{6.14}
$$

$$
y(t) = \bar{\boldsymbol{c}}^T\bar{\boldsymbol{x}}(t) \tag{6.15}
$$

$$
\bar{A} = \begin{bmatrix} 0 & \cdots & 0 & -a_1 \\ 1 & \cdots & 0 & -a_2 \\ \vdots & \ddots & \vdots & \vdots \\ 0 & \cdots & 1 & -a_n \end{bmatrix}, \bar{\boldsymbol{b}} = \begin{bmatrix} b_1 \\ b_2 \\ \vdots \\ b_n \end{bmatrix}, \bar{\boldsymbol{c}}^T = \begin{bmatrix} 0 & \cdots & 0 & 1 \end{bmatrix}
$$

が得られる．この可観測正準形に対してオブザーバ (6.2)，(6.3) を構成し，オブザーバゲイン $\bar{\boldsymbol{g}}$ を

$$
\bar{\boldsymbol{g}} = \begin{bmatrix} \bar{g}_1 \\ \bar{g}_2 \\ \vdots \\ \bar{g}_n \end{bmatrix} \tag{6.16}
$$

と構成するとき，オブザーバのシステム行列 F は

$$F = \bar{A} - \bar{\boldsymbol{g}}\bar{\boldsymbol{c}}^T = \begin{bmatrix} 0 & \cdots & 0 & -(a_1 + \bar{g}_1) \\ 1 & \cdots & 0 & -(a_2 + \bar{g}_2) \\ \vdots & \ddots & \vdots & \vdots \\ 0 & \cdots & 1 & -(a_n + \bar{g}_n) \end{bmatrix} \tag{6.17}$$

となる．このとき，F の特性方程式は

$$s^n + (a_n + \bar{g}_n)s^{n-1} + \cdots + (a_2 + \bar{g}_2)s + (a_1 + \bar{g}_1) = 0 \tag{6.18}$$

となるので，この特性方程式が所望のオブザーバ極をもつ特性方程式

$$s^n + \alpha_n s^{n-1} + \cdots + \alpha_2 s + \alpha_1 = 0 \tag{6.19}$$

と一致するように $\bar{g}_i = \alpha_i - a_i \ (i = 1, 2, \cdots, n)$ と設定すればよいことがわかる．なお，(6.16) 式のオブザーバゲイン $\bar{\boldsymbol{g}}$ は，(6.14)，(6.15) 式の可観測正準形に対する観測器，すなわち状態ベクトル $\bar{\boldsymbol{x}}(t)$ を推定するためのゲインであることに注意すると，可観測正準形へ変換する前の元のシステム (6.1) の状態ベクトル $\boldsymbol{x}(t)$ を推定するためのオブザーバゲイン $\boldsymbol{g}$ は，$\boldsymbol{g} = T^{-1}\bar{\boldsymbol{g}}$ と与えられる．なお，当然のことながら，$\bar{\boldsymbol{x}}(t)$ に対するオブザーバと $\boldsymbol{x}(t)$ に対するオブザーバは同じ極をもっている．このことは，つぎのようにして確認できる．

$$\begin{aligned} \det(sI - (\bar{A} - \bar{\boldsymbol{g}}\bar{\boldsymbol{c}}^T)) &= \det(sI - (TAT^{-1} - T\boldsymbol{g}c^T T^{-1})) \\ &= \det(sI - (A - \boldsymbol{g}\boldsymbol{c}^T)) \end{aligned} \tag{6.20}$$

6.3　最小次元オブザーバ

6.2 節で紹介したオブザーバは，すべての状態変数が測定不可能とみなし全状態変数の推定を行った．このようにすべての状態変数を推定するオブザーバを**同一次元オブザーバ**と呼ぶ．一方，制御対象によっては一部の状態変数が出力に含まれ，利用可能な場合がある．このような場合，測定不可能な状態変数のみを推定するだけで十分であるため，オブザーバの次元を必要最低限に抑えた**最小次元オブザーバ**を設計することで，状態フィードバック制御が可能となる．

可観測な制御対象 (6.1) において，測定可能な出力 $y(t)$ が状態変数の一つであるとすれば，残り $(n-1)$ 次の状態変数の推定を行うだけで十分である．そこで，システムに対して以下の T を用いた正則変換を行う．

$$T = \begin{bmatrix} \boldsymbol{c}^T \\ M \end{bmatrix} \tag{6.21}$$

ここで，M は $(n-1)\times n$ の行列で T が正則になるように適当に選ぶ.

このTを用いて，

$$\bar{\boldsymbol{x}}(t) = T\boldsymbol{x}(t) \tag{6.22}$$

で変数変換すると，制御対象は $\bar{\boldsymbol{x}}(t)$ を状態ベクトルとするシステム

$$\dot{\bar{\boldsymbol{x}}}(t) = \bar{A}\bar{\boldsymbol{x}}(t) + \bar{\boldsymbol{b}}u(t) \tag{6.23}$$

$$y(t) = \bar{\boldsymbol{c}}^T\bar{\boldsymbol{x}}(t) \tag{6.24}$$

と表すことができる．ここに

$$\bar{A} = TAT^{-1} = \begin{bmatrix} a_{11} & \boldsymbol{a}_{12}^T \\ \boldsymbol{a}_{21} & A_{22} \end{bmatrix}, \quad \bar{\boldsymbol{b}} = T\boldsymbol{b} = \begin{bmatrix} b_1 \\ \boldsymbol{b}_2 \end{bmatrix}$$
$$\bar{\boldsymbol{c}}^T = \boldsymbol{c}^T T^{-1} = [1\ 0 \cdots 0]$$

である．すなわち，$\bar{x}_1(t) = y(t)$ とするとき，$\bar{\boldsymbol{x}}(t) := [\bar{x}_1(t), \bar{\boldsymbol{x}}_2^T(t)]^T$ であり，$y(t)$ が状態ベクトル $\bar{\boldsymbol{x}}(t)$ の要素となっていることがわかる．このとき，システムは以下のように表すことができる.

$$\begin{bmatrix} \dot{\bar{x}}_1(t) \\ \dot{\bar{\boldsymbol{x}}}_2(t) \end{bmatrix} = \begin{bmatrix} a_{11} & \boldsymbol{a}_{12}^T \\ \boldsymbol{a}_{21} & A_{22} \end{bmatrix} \begin{bmatrix} \bar{x}_1(t) \\ \bar{\boldsymbol{x}}_2(t) \end{bmatrix} + \begin{bmatrix} b_1 \\ \boldsymbol{b}_2 \end{bmatrix} u(t) \tag{6.25}$$

$$y(t) = [1\ 0\ \cdots\ 0] \begin{bmatrix} \bar{x}_1(t) \\ \bar{\boldsymbol{x}}_2(t) \end{bmatrix} \tag{6.26}$$

最小次元オブザーバとは，このシステムに対して観測できない状態ベクトル $\bar{\boldsymbol{x}}_2(t)$ のみを推定するオブザーバである.

いま，(6.25) 式より

$$\dot{\bar{x}}_1(t) = a_{11}\bar{x}_1(t) + \boldsymbol{a}_{12}^T\bar{\boldsymbol{x}}_2(t) + b_1u(t) \tag{6.27}$$

$$\dot{\bar{\boldsymbol{x}}}_2(t) = \boldsymbol{a}_{21}\bar{x}_1(t) + A_{22}\bar{\boldsymbol{x}}_2(t) + \boldsymbol{b}_2u(t) \tag{6.28}$$

と表せる．さらに，(6.26) 式より，$y(t) = \bar{x}_1(t)$ であることから

$$\dot{y}(t) - a_{11}y(t) - b_1u(t) = \boldsymbol{a}_{12}^T\bar{\boldsymbol{x}}_2(t) \tag{6.29}$$

を得る.

ここで，$y(t), u(t)$ は測定可能な信号であるので，見かけの入出力として

$$\bar{\boldsymbol{u}}(t) = \boldsymbol{a}_{21}y(t) + \boldsymbol{b}_2u(t) \tag{6.30}$$

$$\bar{y}(t) = \dot{y}(t) - a_{11}\bar{x}_1(t) - b_1u(t) \tag{6.31}$$

を考えると，(6.28)，(6.29) 式より，システムは測定不可能な状態変数 $\boldsymbol{x}_2(t)$ のみによる状態方程式

$$\dot{\bar{\boldsymbol{x}}}_2(t) = A_{22}\bar{\boldsymbol{x}}_2(t) + \bar{\boldsymbol{u}}(t) \tag{6.32}$$

$$\bar{y}(t) = \boldsymbol{a}_{12}^T\bar{\boldsymbol{x}}_2(t) \tag{6.33}$$

で表すことができる．

この $\bar{\boldsymbol{x}}_2(t)$ のみのシステムに対して，以下のようにオブザーバが設計できる．

$$\dot{\hat{\bar{\boldsymbol{x}}}}_2(t) = A_{22}\hat{\bar{\boldsymbol{x}}}_2(t) + \bar{\boldsymbol{u}}(t) + \boldsymbol{g}(\bar{y}(t) - \hat{\bar{y}}(t)) \tag{6.34}$$

$$\hat{\bar{y}}(t) = \boldsymbol{a}_{12}^T\hat{\bar{\boldsymbol{x}}}_2(t) \tag{6.35}$$

最終的に，(6.30)，(6.31)，(6.33) 式より

$$\begin{aligned}\dot{\hat{\bar{\boldsymbol{x}}}}_2(t) = A_{22}\hat{\bar{\boldsymbol{x}}}_2(t) + \boldsymbol{a}_{21}y(t) + \boldsymbol{b}_2u(t)\\ + \boldsymbol{g}(\dot{y}(t) - a_{11}y(t) - b_1u(t) - \boldsymbol{a}_{12}^T\hat{\bar{\boldsymbol{x}}}_2(t))\end{aligned} \tag{6.36}$$

が得られる．これが $\bar{\boldsymbol{x}}_2(t)$ を推定する最小次元オブザーバである．

いま，$\bar{\boldsymbol{x}}_2(t)$ に対する状態推定誤差を $\boldsymbol{\epsilon}_2(t) := \bar{\boldsymbol{x}}_2(t) - \hat{\bar{\boldsymbol{x}}}_2(t)$ と定義すると，状態推定誤差系システムは，(6.32)，(6.34) 式より

$$\dot{\boldsymbol{\epsilon}}_2(t) = \dot{\bar{\boldsymbol{x}}}_2(t) - \dot{\hat{\bar{\boldsymbol{x}}}}_2(t) \tag{6.37}$$

$$= A_{22}\underbrace{(\bar{\boldsymbol{x}}_2(t) - \hat{\bar{\boldsymbol{x}}}_2(t))}_{\boldsymbol{\epsilon}_2(t)} - \boldsymbol{g}\boldsymbol{a}_{12}^T\underbrace{(\bar{\boldsymbol{x}}_2(t) - \hat{\bar{\boldsymbol{x}}}_2(t))}_{\boldsymbol{\epsilon}_2(t)} \tag{6.38}$$

$$= (A_{22} - \boldsymbol{g}\boldsymbol{a}_{12}^T)\boldsymbol{\epsilon}_2(t) \tag{6.39}$$

と表される．ここで，システムが可観測，すなわち $(A, \boldsymbol{c}^T)$ が可観測な組み合わせであるとき，$(A_{22}, \boldsymbol{a}_{12}^T)$ も可観測な組み合わせになることが知られており，$(A_{22} - \boldsymbol{g}\boldsymbol{a}_{12}^T)$ が安定行列になるようにオブザーバゲイン $\boldsymbol{g}$ を設計することで，

$$\lim_{t\to\infty}\boldsymbol{\epsilon}_2(t) = \boldsymbol{0} \tag{6.40}$$

が達成される．

さて，(6.36) 式には，出力の微分値 $\dot{y}(t)$ が含まれているが，以下に示す変数変換により，この項も消去が可能となる．

まず，次式で定義される $n-1$ 次元ベクトル $\boldsymbol{x}_p(t)$ を考える．

$$\boldsymbol{x}_p(t) := \hat{\bar{\boldsymbol{x}}}_2(t) - \boldsymbol{g}y(t) \tag{6.41}$$

(6.41) 式を変形して得られる関係式 $\hat{\bar{\boldsymbol{x}}}_2(t) = \boldsymbol{x}_p(t) + \boldsymbol{g}y(t)$ を (6.36) 式に代入すると，

$$\begin{aligned}\dot{\boldsymbol{x}}_p(t) = A_{22}\boldsymbol{x}_p(t) + A_{22}\boldsymbol{g}y(t) + \boldsymbol{a}_{21}y(t) + \boldsymbol{b}_2u(t)\\ -\boldsymbol{g}a_{11}y(t) - \boldsymbol{g}b_1u(t) - \boldsymbol{g}\boldsymbol{a}_{12}^T\boldsymbol{x}_p(t) - \boldsymbol{g}\boldsymbol{a}_{12}^T\boldsymbol{g}y(t)\end{aligned} \tag{6.42}$$

が得られる．すなわち，

$$\dot{\boldsymbol{x}}_p(t) = A_p\boldsymbol{x}_p(t) + \boldsymbol{b}_pu(t) + \boldsymbol{g}_py(t) \tag{6.43}$$

がオブザーバとなる．ただし，

$$\begin{aligned}A_p &= A_{22} - \boldsymbol{g}\boldsymbol{a}_{12}^T\\ \boldsymbol{b}_p &= \boldsymbol{b}_2 - \boldsymbol{g}b_1\\ \boldsymbol{g}_p &= \boldsymbol{a}_{21} - \boldsymbol{g}a_{11} + (A_{22} - \boldsymbol{g}\boldsymbol{a}_{12}^T)\boldsymbol{g}\\ &= \boldsymbol{a}_{21} - \boldsymbol{g}a_{11} + A_p\boldsymbol{g}\end{aligned}$$

である．なお，状態フィードバック制御ではすべての状態変数を用いるため，測定できる状態 $\bar{x}_1(t)$ と推定した状態 $\hat{\bar{\boldsymbol{x}}}_2(t)$ を合わせた

$$\begin{aligned}\hat{\bar{\boldsymbol{x}}}(t) = \begin{bmatrix}\bar{x}_1(t)\\ \hat{\bar{\boldsymbol{x}}}_2(t)\end{bmatrix} &= \begin{bmatrix}y(t)\\ \boldsymbol{x}_p(t) + \boldsymbol{g}y(t)\end{bmatrix}\\ &= \begin{bmatrix}1 & \boldsymbol{0}^T\\ \boldsymbol{g} & I\end{bmatrix}\begin{bmatrix}y(t)\\ \boldsymbol{x}_p(t)\end{bmatrix}\end{aligned} \tag{6.44}$$

をフィードバック制御に用いることとなる．

例題 6.2. つぎの二次のシステムの最小次元オブザーバを，オブザーバの極が $-\alpha(\alpha > 0)$ となるように設計しなさい．

$$\dot{\boldsymbol{x}}(t) = \begin{bmatrix}-1 & 1\\ 6 & -4\end{bmatrix}\boldsymbol{x}(t) + \begin{bmatrix}-1\\ 1\end{bmatrix}u(t) \tag{6.45}$$

$$y(t) = \begin{bmatrix}0 & -2\end{bmatrix}\boldsymbol{x}(t) \tag{6.46}$$

解）変換行列 T を

$$T = \begin{bmatrix} \boldsymbol{c}^T \\ M \end{bmatrix} = \begin{bmatrix} 0 & -2 \\ 1 & 1 \end{bmatrix}$$

と正則になるように M を選ぶと，その逆行列は

$$T^{-1} = \frac{1}{2}\begin{bmatrix} 1 & 2 \\ -1 & 0 \end{bmatrix}$$

となる．よって，システムの状態変数を正則変数とすると変換されたシステムは

$$\begin{aligned}
\bar{A} &= \frac{1}{2}\begin{bmatrix} 0 & -2 \\ 1 & 1 \end{bmatrix}\begin{bmatrix} -1 & 1 \\ 6 & -4 \end{bmatrix}\begin{bmatrix} 1 & 2 \\ -1 & 0 \end{bmatrix} \\
&= \begin{bmatrix} -10 & -12 \\ 4 & 5 \end{bmatrix} = \begin{bmatrix} a_{11} & a_{12} \\ a_{21} & a_{22} \end{bmatrix} \\
\bar{\boldsymbol{b}} &= \begin{bmatrix} 0 & -2 \\ 1 & 1 \end{bmatrix}\begin{bmatrix} -1 \\ 1 \end{bmatrix} = \begin{bmatrix} -2 \\ 0 \end{bmatrix} = \begin{bmatrix} b_1 \\ b_2 \end{bmatrix} \\
\bar{\boldsymbol{c}}^T &= \begin{bmatrix} 0 & -2 \end{bmatrix}\frac{1}{2}\begin{bmatrix} 1 & 2 \\ -1 & 0 \end{bmatrix} = \begin{bmatrix} 1 & 0 \end{bmatrix}
\end{aligned}$$

となる．

いま，最小次元オブザーバの誤差システムは

$$\dot{\epsilon}_2(t) = (a_{22} - ga_{12})\epsilon_2(t) = (5 + 12g)\epsilon_2(t)$$

となり，この極が $-\alpha(\alpha > 0)$ となるためには

$$g = \frac{-5-\alpha}{12}$$

と選べばよいことがわかる．

最終的に，(6.43) 式よりオブザーバは

$$\begin{aligned}
\dot{x}_p(t) &= A_p x_p(t) + b_p u(t) + g_p y(t) \\
&= (a_{22} - ga_{12})x_p(t) + (b_2 - gb_1)u(t) \\
&\quad +(a_{21} - ga_{11} + (a_{22} - ga_{12})g)y(t) \\
&= \{5 - \frac{-5-\alpha}{12}(-12)\}x_p(t) + \{0 - \frac{-5-\alpha}{12}(-2)\}u(t) \\
&\quad + \left[4 - \frac{-5-\alpha}{12}(-10) + \{5 - \frac{-5-\alpha}{12}(-12)\}\frac{-5-\alpha}{12}\right]y(t) \\
&= -\alpha x_p(t) - \frac{5+\alpha}{6}u(t) + \frac{\alpha^2 - 5\alpha - 2}{12}y(t)
\end{aligned}$$

となる．

6.4 オブザーバを用いた状態フィードバック制御と分離定理

オブザーバで推定した状態変数を用いたフィードバック制御を考えよう．ここでは，最も基本的な同一次元オブザーバを用いた状態フィードバック制御を考える．

真の状態ベクトル $\boldsymbol{x}(t)$ のかわりに推定値 $\hat{\boldsymbol{x}}(t)$ を用いた状態フィードバック：

$$\boldsymbol{u}(t) = -\boldsymbol{k}^T\hat{\boldsymbol{x}}(t) \tag{6.47}$$

により制御系を設計する．このとき，制御系全体の構成は図 6.4 に示すようなブロック線図となる．このように，オブザーバで推定した状態ベクトル $\hat{\boldsymbol{x}}(t)$ を用いれば，状態量が直接利用できない制御対象でも，状態フィードバック制御系を構成できる．このとき，構成された制御系の安定性に関して，以下の定理が成り立つ．

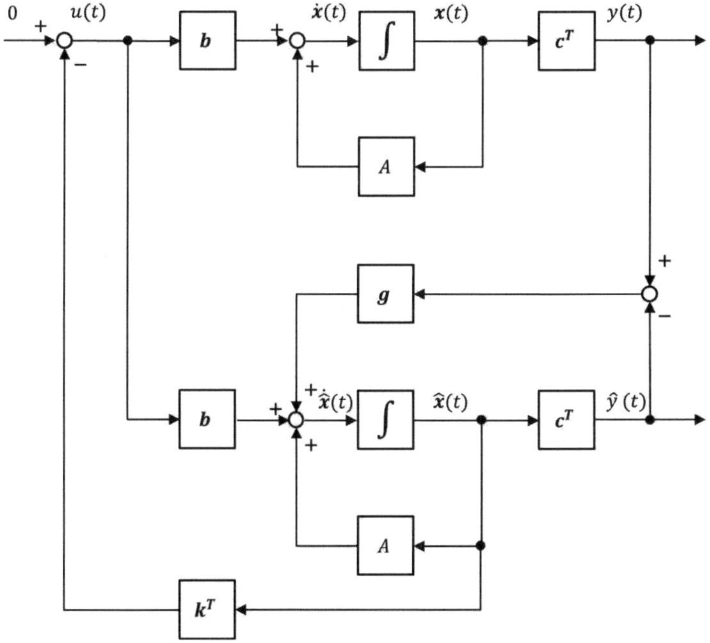

図 6.4 オブザーバを用いた状態フィードバック制御系のブロック線図

定理 6.1 (分離定理)**.** システム (6.1) が可制御・可観測であるとき，状態フィードバックゲイン $\boldsymbol{k}$ およびオブザーバゲイン $\boldsymbol{g}$ がそれぞれ $(A-\boldsymbol{b}\boldsymbol{k}^T)$ および $(A-\boldsymbol{g}\boldsymbol{c}^T)$ を安定とするように設計されていれば，オブザーバを用いた状態フィードバック制御系は安定となる．すなわち，フィードバック制御系の極とオブザーバの極を独立して安定に設計すれば，構成された制御系は安定となる．これを**分離定理**と呼ぶ．

証明）いま，(6.1) 式に (6.47) 式のフィードバック制御を適用すると制御系は，

$$\dot{\boldsymbol{x}}(t)=A\boldsymbol{x}(t)-\boldsymbol{b}\boldsymbol{k}^T\hat{\boldsymbol{x}}(t) \tag{6.48}$$

となる．(6.4) 式より，$\hat{\boldsymbol{x}}(t)$ は $\hat{\boldsymbol{x}}(t)=\boldsymbol{x}(t)-\boldsymbol{\epsilon}(t)$ と表されるので，結局

$$\begin{aligned}\dot{\boldsymbol{x}}(t)&=A\boldsymbol{x}(t)-\boldsymbol{b}\boldsymbol{k}^T(\boldsymbol{x}(t)-\boldsymbol{\epsilon}(t))\\&=(A-\boldsymbol{b}\boldsymbol{k}^T)\boldsymbol{x}(t)+\boldsymbol{b}\boldsymbol{k}^T\boldsymbol{\epsilon}(t)\end{aligned} \tag{6.49}$$

と表される．一方，状態推定誤差システムは，6.2 節より

$$\dot{\boldsymbol{\epsilon}}(t)=(A-\boldsymbol{g}\boldsymbol{c}^T)\boldsymbol{\epsilon}(t)$$

で表される．よってオブザーバを含めた制御系は

$$\begin{bmatrix}\dot{\boldsymbol{x}}(t)\\ \dot{\boldsymbol{\epsilon}}(t)\end{bmatrix}=\begin{bmatrix}A-\boldsymbol{b}\boldsymbol{k}^T & \boldsymbol{b}\boldsymbol{k}^T\\ 0 & A-\boldsymbol{g}\boldsymbol{c}^T\end{bmatrix}\begin{bmatrix}\boldsymbol{x}(t)\\ \boldsymbol{\epsilon}(t)\end{bmatrix} \tag{6.50}$$

と表される．この拡大系が安定な極をもてば，状態フィードバック制御とオブザーバによる状態推定が同時に達成できる．

いま，拡大系の特性方程式は

$$\det(sI-(A-\boldsymbol{b}\boldsymbol{k}^T))\det(sI-(A-\boldsymbol{g}\boldsymbol{c}^T))=0 \tag{6.51}$$

となることから，フィードバック制御系の特性方程式：

$$\det(sI-(A-\boldsymbol{b}\boldsymbol{k}^T))=0 \tag{6.52}$$

およびオブザーバの特性方程式：

$$\det(sI-(A-\boldsymbol{g}\boldsymbol{c}^T))=0 \tag{6.53}$$

の根がともに安定となるようにゲイン $\boldsymbol{k}$, $\boldsymbol{g}$ は独立に設計することができ，拡大

系は安定となることがわかる．なお，最小次元オブザーバについても，同一次元オブザーバと同様に分離定理が成り立つことがわかっている．

6.5 レギュレータとオブザーバの双対性

6.4 節にて，状態フィードバックゲイン $\boldsymbol{k}$ とオブザーバゲイン $\boldsymbol{g}$ が独立して設計できることがわかった．ここでは，オブザーバゲイン $\boldsymbol{g}$ が，4 章，5 章で用いた $\boldsymbol{k}$ の設計法を用いて設計できることを示す．

いま，状態推定誤差システムの極は (6.53) 式より，

$$\det(sI - (A - \boldsymbol{g}\boldsymbol{c}^T)) = 0$$

の根として与えられる．また，(6.53) 式は，

$$\det(sI - (A - \boldsymbol{g}\boldsymbol{c}^T)) = \det(sI - (A^T - \boldsymbol{c}\boldsymbol{g}^T)) = 0 \tag{6.54}$$

と表すことができる．これを，(6.52) 式と比較すると，

制御系		オブザーバ
A	$\Leftrightarrow$	A^T
$\boldsymbol{b}$	$\Leftrightarrow$	$\boldsymbol{c}$
$\boldsymbol{k}$	$\Leftrightarrow$	$\boldsymbol{g}$

と対応していることがわかる．このような関係は，3 章で説明した双対性 [▶ p.48] と同じ考えに基づくもので，この双対性を用いることで，$\boldsymbol{k}$ の設計法に用いたアッカーマンの手法による極配置法や LQ 最適制御法などを $\boldsymbol{g}$ の設計に利用できる．

また，双対性を利用すると，オブザーバが設計できるための必要十分条件はつぎのように与えられる．

定理 6.2. システム (6.1) に対し，所望の極をもつオブザーバが設計できるための必要十分条件は，システム 6.1 が可観測であることである．

例題 6.3. 双対性を利用し，アッカーマンの手法により例題 6.1 のオブザーバゲイン $\boldsymbol{g}$ を導出しなさい．

解）双対性を考慮し，$A \to A^T$, $\boldsymbol{b} \to \boldsymbol{c}$ とした際の可制御行列は，元の可観測行列の

転置なので

$$\begin{bmatrix} \boldsymbol{c} & A^T\boldsymbol{c} \end{bmatrix} = \begin{bmatrix} \boldsymbol{c}^T \\ \boldsymbol{c}^T A \end{bmatrix}^T = \begin{bmatrix} 1 & 2 \\ -1 & 4 \end{bmatrix}$$

となる．また，設計する誤差システムの特性方程式は

$$(s+2)(s+3) = (s^2+5s+6) \tag{6.55}$$

なので，アッカーマンの手法より

$$\begin{aligned} \boldsymbol{g}^T &= \begin{bmatrix} 0 & 1 \end{bmatrix} \begin{bmatrix} \boldsymbol{c} & A^T\boldsymbol{c} \end{bmatrix}^{-1} [(A^T)^2 + 5A^T + 6I] \\ &= \begin{bmatrix} 0 & 1 \end{bmatrix} \begin{bmatrix} 1 & 2 \\ -1 & 4 \end{bmatrix}^{-1} \left[\begin{pmatrix} 0 & -2 \\ 1 & -3 \end{pmatrix}^2 + 5\begin{pmatrix} 0 & -2 \\ 1 & -3 \end{pmatrix} + \begin{pmatrix} 6 & 0 \\ 0 & 6 \end{pmatrix} \right] \\ &= \begin{bmatrix} 1 & -1 \end{bmatrix} \end{aligned}$$

となり，例題 6.1 の結果と一致することがわかる．

演 習 問 題

問題 6.1. 例題 6.1 のオブザーバゲイン $\boldsymbol{g}$ を，6. 2. 2 項で説明した可観測正準形を用い設計しなさい．

問題 6.2. つぎのシステムパラメータ $(A, \boldsymbol{b},\ \boldsymbol{c}^T)$ をもつ制御対象に対して，以下の問いに答えなさい．

$$A = \begin{bmatrix} 1 & 0 & 1 \\ 0 & 1 & -1 \\ 1 & 1 & 1 \end{bmatrix}, \quad \boldsymbol{b} = \begin{bmatrix} 0 \\ -1 \\ 1 \end{bmatrix}, \quad \boldsymbol{c}^T = \begin{bmatrix} 1 & -1 & 0 \end{bmatrix}$$

(1) システムの可制御性，可観測性を調べなさい．

(2) システムに対し最小次元オブザーバを設計しなさい．ここで，オブザーバの極が $(-1, -2)$ となるよう設計すること．

(3) システムに対し制御系の極が $(-1, -1 \pm j)$，オブザーバの極が $(-1, -2, -3)$ をもつよう同一次元オブザーバを用いた状態フィードバック制御系を設計しなさい．

7

システムの安定論—リアプノフの安定性—

7.1　自律系（時不変系）に対する安定性

7.1.1　安定性の定義

つぎのように表される非線形システムを考えよう．

$$\dot{\boldsymbol{x}}(t) = \boldsymbol{f}(\boldsymbol{x}(t), t),\ \boldsymbol{f}(0, t) = \boldsymbol{0} \tag{7.1}$$

このシステムは，$\boldsymbol{f}$ が t に陽に依存していない場合，すなわち，

$$\dot{\boldsymbol{x}}(t) = \boldsymbol{f}(\boldsymbol{x}(t)),\ \boldsymbol{f}(0) = \boldsymbol{0} \tag{7.2}$$

と表されるとき，**自律系**と呼ばれる．このシステムは $\boldsymbol{x}(t) = 0$ が原点（平衡点）である．

いま，システム (7.2) の解が一意に存在するとする[*1)]．

システム (7.2) の原点に関する**リアプノフの意味での安定性**は，つぎのように定義される．

定義 7.1 (安定)**.** 任意の $\varepsilon > 0$ に対し，$\|\boldsymbol{x}(0)\| < \delta(\varepsilon)$ を出発するすべての解 $\boldsymbol{x}(t)$, $t \geq 0$ に対して，

$$\|\boldsymbol{x}(t)\| < \varepsilon \tag{7.3}$$

が成り立つような $\delta(\varepsilon) > 0$ が存在するとき，原点 $\boldsymbol{x}(t) = \boldsymbol{0}$ は**安定**（stable）

---

*1)　(7.2) 式の解が一意に存在するための十分条件は，$\boldsymbol{f}(\boldsymbol{x})$ が局所的にリプシッツ（Lipschitz）であることである．すなわち，原点近傍で $\|\boldsymbol{f}(\boldsymbol{x}) - \boldsymbol{f}(\boldsymbol{y})\| \leq L\|\boldsymbol{x} - \boldsymbol{y}\|$ となる $L > 0$ が存在することである．

である（または，$\boldsymbol{x}(t) = \boldsymbol{0}$ は安定な平衡点である）という．

定義 7.2 (漸近安定)**.** 1）原点は安定

2）$\|\boldsymbol{x}(0)\| < \delta(\varepsilon)$ のとき，$\lim_{t\to\infty} \|\boldsymbol{x}(t)\| = 0$ となる $\delta(\varepsilon) > 0$ が存在するならば，原点 $\boldsymbol{x}(t) = \boldsymbol{0}$ は**漸近安定**（asymptotically stable）である（または，$\boldsymbol{x}(t) = \boldsymbol{0}$ は漸近安定な平衡点である）という．

上記の安定性の定義は，“**局所的**（local）” な安定性の定義である．局所的とは，$\boldsymbol{R}^n$ 内の原点 $\boldsymbol{x} = \boldsymbol{0}$ を中心とするある半径 h の閉じた球状領域 $\boldsymbol{B}_h$ 内のすべての初期値 $\boldsymbol{x}(0) = \boldsymbol{x}_0$ で成立する，すなわち，$\|\boldsymbol{x}_0\| \leq h$ なるすべての初期値 $\boldsymbol{x}_0$ で成り立つときのことをいい，原点近傍でのシステムの挙動について示したものである．言い換えると，安定とは，原点近傍に初期状態があるとき，それ以後の $\boldsymbol{x}(t)$ の軌道がいつまでも原点近傍にとどまっていることを意味している．これに対し，すべての初期値 $\boldsymbol{x}_0 \in \boldsymbol{R}^n$ で成立するとき，“**大域的**（global）” という．すなわち，任意の初期値に対して漸近安定となるとき，原点は大域的に漸近安定と呼ばれる．安定性の概念図を図 7.1 に示す．

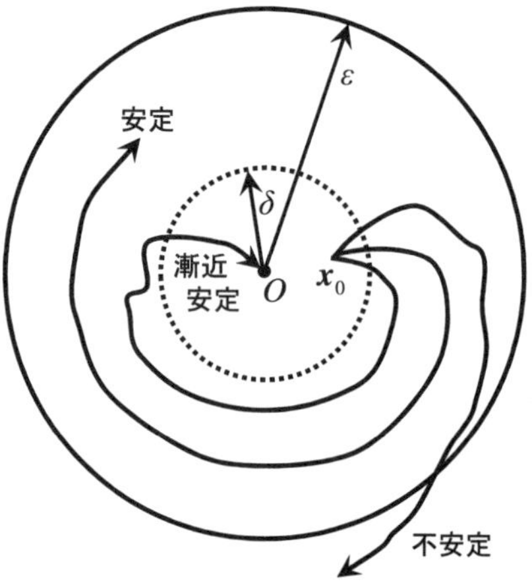

図 7.1　安定性の概念図

このように定義されたシステムの安定性を判断する手法に，**リアプノフの方法**（**リアプノフの第二法**）がある．以下で，その安定判別法について説明する．

7.1.2 リアプノフの安定定理

a. 正定関数

リアプノフの安定判別法を示す準備として，まず**正定関数**と呼ばれるスカラー関数を考える．正定関数は，以下のように定義される．

定義 7.3 (正定関数)．連続微分可能なスカラー関数 $V(\boldsymbol{x})$ は，すべての $\boldsymbol{x} \in D \subset R^n$ に対して

1) $V(\boldsymbol{0}) = 0$

2) $V(\boldsymbol{x}) > 0, \boldsymbol{x} \neq \boldsymbol{0}$

であるとき，領域 $D \subset R^n$ で正定であるといい，このときのスカラー関数 $V(\boldsymbol{x})$ を**正定関数**と呼ぶ.

上記条件 2) で，$V(\boldsymbol{x}) \geq 0$ となるときは，$V(\boldsymbol{x})$ は，**準正定**と呼ばれる．

b. リアプノフの安定判別法

正定関数 $V(\boldsymbol{x})$ において，$V(\boldsymbol{x}) = C_i$（一定値）は原点を囲む閉曲線となる（図 7.2 参照）．もし，(7.2) 式で表されるシステムの挙動が常に閉曲線の内側を向くような関数 $V(\boldsymbol{x})$ を見つけることができれば，すなわち，

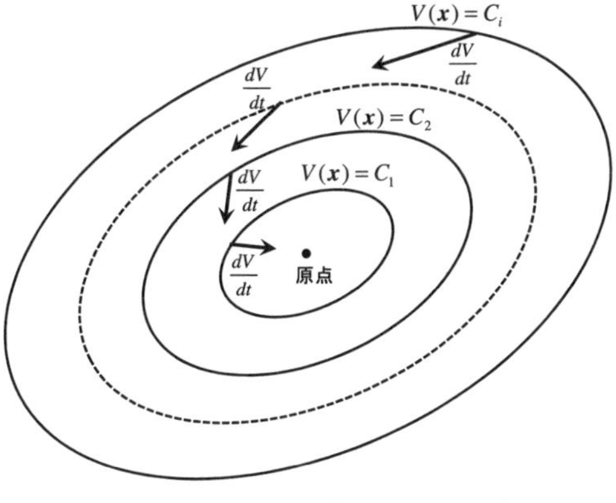

図 7.2 正定関数による安定性判別の概念図

$$\frac{dV(\boldsymbol{x})}{dt} = \dot{V}(\boldsymbol{x}) = \frac{\partial V(\boldsymbol{x})}{\partial \boldsymbol{x}} \boldsymbol{f}(\boldsymbol{x}) < 0 \tag{7.4}$$

となる $V(\boldsymbol{x})$ が見つかれば，ある $V(\boldsymbol{x}) = C$ を出発する解は，その閉曲線の外側に出ることはない．すなわち，(7.2) 式の解 $\boldsymbol{x}(t)$ は，原点に向かうはずである．このことを示したのが**リアプノフの安定定理**である*2)．

定理 7.1 (リアプノフの安定定理)**.** システム (7.2) に対して，もしある領域 $\boldsymbol{x} \in D \subset R^n$ で正定関数 $V(\boldsymbol{x})$ が存在して，その (7.2) の解の軌跡に沿っての微分が

$$\frac{dV(\boldsymbol{x})}{dt} = \dot{V}(\boldsymbol{x}) = \frac{\partial V(\boldsymbol{x})}{\partial \boldsymbol{x}} \boldsymbol{f}(\boldsymbol{x}) \le 0 \tag{7.5}$$

となるなら，原点 $\boldsymbol{x}(t) = \boldsymbol{0}$ は安定である．また，

$$\frac{dV(\boldsymbol{x})}{dt} = \dot{V}(\boldsymbol{x}) = \frac{\partial V(\boldsymbol{x})}{\partial \boldsymbol{x}} \boldsymbol{f}(\boldsymbol{x}) < 0, \ \boldsymbol{x} \neq 0 \tag{7.6}$$

となるなら，原点 $\boldsymbol{x}(t) = \boldsymbol{0}$ は漸近安定である．

証明）ある与えられた $\varepsilon > 0$ に対して，$\|\boldsymbol{x}\| \le \varepsilon$ となる領域を B_ε とする．また，$\|\boldsymbol{x}\| = \varepsilon$ なる $\boldsymbol{x}$ に対して，$V(\boldsymbol{x})$ のとり得る値の最小値を α とし，$\beta < \alpha$ なる β に対して，$V(\boldsymbol{x}) \le \beta$ となる領域を Ω_β とすると，Ω_β は，必ず B_ε の内側に位置する．なぜなら，B_ε の内側にないとすると Ω_β 内で B_ε の境界線上に位置する点が必ず存在し，その点では $V(\boldsymbol{x}) \ge \alpha > \beta$ となり $V(\boldsymbol{x}) \le \beta$ に矛盾するからである．そこで，$\|\boldsymbol{x}\| \le \delta$ なる $\boldsymbol{x}$ に対して，$V(\boldsymbol{x}) < \beta$ となる δ（このような δ は，$V(\boldsymbol{x})$ が $\boldsymbol{x}$ に関して連続であり $V(0) = 0$ であることから必ず存在する）を考えると，$\dot{V}(\boldsymbol{x}) \le 0$ であることから，$\|\boldsymbol{x}(0)\| < \delta$ ならば

$$V(\boldsymbol{x}(t)) \le V(\boldsymbol{x}(0)) < \beta$$

が成り立つ．すなわち，$\boldsymbol{x} \in \Omega_\beta$ である．よって，$\Omega_\beta \subset B_\varepsilon$ より，

$$\|\boldsymbol{x}(0)\| < \delta \quad \text{ならば} \quad \|\boldsymbol{x}(t)\| < \varepsilon$$

がいえる．

つぎに，$\dot{V}(\boldsymbol{x}) < 0$ のときを考える．$V(\boldsymbol{x})$ が単純減少関数であり $V(\boldsymbol{x}) \ge 0$ な

*2) リアプノフの安定定理および後述のリアプノフの補題に関する詳細は，例えば伊藤 3)，Khalil17)，Sastry18) を参照されたい．

ので，$\lim_{t\to\infty} V(\boldsymbol{x}(t)) = C$ となる $C \geq 0$ が存在する．いま，$C > 0$ と仮定すると，$V(\boldsymbol{x})$ の連続性より，$\|\boldsymbol{x}\| \leq r$ なる $\boldsymbol{x} \in B_r$ で $V(\boldsymbol{x}) < C$ となる $r > 0$ が存在し，$\lim_{t\to\infty} V(\boldsymbol{x}(t)) = C$ は $\|\boldsymbol{x}\| > r$ を意味する．そこで，$r \leq \|\boldsymbol{x}\| \leq \varepsilon$ なる領域での $\dot{V}(\boldsymbol{x}(t))$ の最大値を $-\gamma$ とおくと，

$$V(\boldsymbol{x}(t)) - V(\boldsymbol{x}(0)) = \int_0^t \dot{V}(\boldsymbol{x}(\tau))d\tau \leq -\gamma t$$

すなわち，

$$V(\boldsymbol{x}(t)) \leq V(\boldsymbol{x}(0)) - \gamma t$$

を得る．しかし，これは $V(\boldsymbol{x}(t)) \geq C > 0, \forall t \geq 0$ に矛盾する．よって，$C = 0$，すなわち，$\boldsymbol{x}(t)$ は原点に収束する．（証明終）

定理 7.1 を満足する正定関数 $V(\boldsymbol{x})$ を**リアプノフ関数**と呼ぶ．さらに，定理 7.1 を拡張する形で以下の安定定理が成り立つ．

定理 7.2 (大域的漸近安定定理)**.** システム (7.2) に対して，すべての $\boldsymbol{x} \in R^n$ で正定関数 $V(\boldsymbol{x})$ が存在して，

$$\frac{dV(\boldsymbol{x})}{dt} = \dot{V}(\boldsymbol{x}) = \frac{\partial V(\boldsymbol{x})}{\partial \boldsymbol{x}}\boldsymbol{f}(\boldsymbol{x}) < 0,\ \boldsymbol{x} \neq \boldsymbol{0} \tag{7.7}$$

となる．さらに，$\|\boldsymbol{x}\| \to \infty$ で $V(\boldsymbol{x}) \to \infty$ であれば，原点 $\boldsymbol{x}(t) = \boldsymbol{0}$ は大域的漸近安定である．

定理 7.3 (大域的漸近安定補助定理)**.** システム (7.2) に対して，すべての $\boldsymbol{x} \in R^n$ で $\|\boldsymbol{x}\| \to \infty$ で $V(\boldsymbol{x}) \to \infty$ となる正定関数 $V(\boldsymbol{x})$ が存在して，

$$\frac{dV(\boldsymbol{x})}{dt} = \dot{V}(\boldsymbol{x}) = \frac{\partial V(\boldsymbol{x})}{\partial \boldsymbol{x}}\boldsymbol{f}(\boldsymbol{x}) \leq 0 \tag{7.8}$$

となる．このとき，恒等的に $\dot{V}(\boldsymbol{x}) = 0$ となるのが，$\boldsymbol{x}(t) = \boldsymbol{0}$ の原点のみであるならば，原点 $\boldsymbol{x}(t) = \boldsymbol{0}$ は大域的漸近安定である．

例題 7.1. つぎのシステムの安定性を調べなさい．

$$\dot{x}(t) = -x(t)^3$$

解）リアプノフ関数の候補として，$V(x) = x(t)^2$ を考える．このとき，$V(x)$ の時間微分は，

$$\dot{V}(x) = 2x(t)\dot{x}(t) = -2x(t)^4 < 0,\ x \neq 0$$

と評価できる．さらに，$x \to \infty$ で $V(x) \to \infty$ である．よって，定理 7.2 より，このシステムは大域的漸近安定である．

例題 7.2. つぎの質量–ばね–ダンパ系（m：質量，k：ばね定数，c：粘性係数）：

$$m\ddot{x}(t) + c\dot{x}(t) + kx(t) = 0$$

の安定性を力学的エネルギーの総和をリアプノフ関数の候補として調べなさい．ただし，$m, k, c > 0$ とする．

解）リアプノフ関数の候補として

$$V(\boldsymbol{x}) = V(x, \dot{x}) = \frac{1}{2}m\dot{x}(t)^2 + \frac{1}{2}kx(t)^2$$

を考える．$V(\boldsymbol{x})$ の時間微分は，

$$\begin{aligned}\dot{V}(\boldsymbol{x}) &= m\dot{x}(t)\ddot{x}(t) + kx(t)\dot{x}(t)\\ &= -c\dot{x}(t)^2 - kx(t)\dot{x}(t) + kx(t)\dot{x}(t)\\ &= -c\dot{x}(t)^2 \leq 0\end{aligned}$$

と評価できる．ここで，$\dot{V}(\boldsymbol{x}) = 0$ となるのは，$\dot{x}(t) = 0$ のときである．また，明らかに $\dot{x}(t) \equiv 0$ となるのは $x(t) = 0$ のときである．すなわち，恒等的に $\dot{V}(\boldsymbol{x}) = 0$ となるのは，$x(t) = \dot{x}(t) = 0$ の点，原点のみである．よって，定理 7.3 より，このシステムは大域的漸近安定である．

7.1.3 線形システムの安定性

さて，線形時不変システムの安定性について，もう一度考えてみよう．いま，つぎのような n 次線形システムを考える．

$$\dot{\boldsymbol{x}}(t) = A\boldsymbol{x}(t) \tag{7.9}$$

このシステムの安定性は，システム行列 A が安定行列，すなわち，行列 A のすべての固有値の実部が負であれば，安定である．このことは (7.9) 式の解が

$$\boldsymbol{x}(t) = e^{At}\boldsymbol{x}(0) \tag{7.10}$$

となることからも確認できる．では，この安定性をリアプノフの安定定理から考えてみると，どのような結果が得られるだろうか．

いま，リアプノフ関数の候補として

$$V(\boldsymbol{x}) = \boldsymbol{x}(t)^T P \boldsymbol{x}(t) \tag{7.11}$$

を考えよう．ここに，$P \in \boldsymbol{R}^{n \times n}$ はある正定対称行列である．すなわち，(7.11) 式で与えられる $V(\boldsymbol{x})$ は正定関数である．この $V(\boldsymbol{x})$ の (7.10) 式に沿っての時間微分をとると [▶ p.158]

$$\dot{V}(\boldsymbol{x}) = \dot{\boldsymbol{x}}(t)^T P \boldsymbol{x}(t) + \boldsymbol{x}(t)^T P \dot{\boldsymbol{x}}(t) = \boldsymbol{x}(t)^T (A^T P + PA) \boldsymbol{x}(t) \tag{7.12}$$

を得る．このとき，

$$A^T P + PA = -Q < 0 \tag{7.13}$$

となる正定対称行列 Q が存在すると，$\dot{V}(\boldsymbol{x}) = -\boldsymbol{x}(t)^T Q \boldsymbol{x}(t) < 0$ となり，定理 7.1 より，システム (7.9) の原点は漸近安定といえる．逆に，ある正定対称行列 Q に対して (7.13) 式を満足する正定対称行列 P が存在すれば，この場合もシステムの原点は漸近安定となる．なお，システム (7.9) は線形なので，安定性は大域的な安定性となる．このことは，定理 7.2 も満足されていることからもわかる．

以上のことをまとめると，線形時不変システムの漸近安定性に関して**リアプノフの補題**として知られるつぎの定理が成り立つ．

定理 7.4 (リアプノフの補題（Lyapunov lemma)). システム (7.9) の原点 $\boldsymbol{x}(t) = \boldsymbol{0}$ が漸近安定となるための必要十分条件は，任意の正定対称行列 Q に対し，(7.13) 式を満足する正定対称行列 P が唯一に存在することである．

証明）十分性は，先に示したようにリアプノフ関数として $V(\boldsymbol{x}) = \boldsymbol{x}(t)^T P \boldsymbol{x}(t)$ を考えることで，リアプノフの安定定理より示すことができる．また，必要性は，つぎのように確認できる．

いま，システム (7.9) が漸近安定，すなわち，システム行列 A が安定行列であると仮定する．この A を用いて，つぎの正定対称行列 P を定義する．

$$P = \int_0^\infty e^{A^T t} Q e^{At} dt \tag{7.14}$$

P が正定行列であることは，任意のベクトル $\boldsymbol{z} \in \boldsymbol{R}^n$ に対して

$$\boldsymbol{z}^T P \boldsymbol{z} = \int_0^\infty \boldsymbol{z}^T e^{A^T t} Q e^{At} \boldsymbol{z} dt \geq \lambda_{min} Q \int_0^\infty \boldsymbol{z}^T e^{A^T t} e^{At} \boldsymbol{z} dt > 0 \tag{7.15}$$

となることから明らかである．このとき，

$$A^T P + PA = \int_0^\infty A^T e^{A^T t} Q e^{At} dt + \int_0^\infty e^{A^T t} Q e^{At} A dt$$
$$= \int_0^\infty \frac{d}{dt} e^{A^T t} Q e^{At} dt = \left[e^{A^T t} Q e^{At} \right]_0^\infty = -Q \qquad (7.16)$$

となり，A が安定行列なら (7.13) 式を満足する正定対称行列 P が存在する．さらに，他の解 $P_0 \neq P$ が存在すると仮定すると，

$$A^T(P - P_0) + (P - P_0)A = 0 \qquad (7.17)$$

より，左から $e^{A^T t}$，右から e^{At} を掛けることで

$$e^{A^T t}[A^T(P - P_0) + (P - P_0)A]e^{At} = \frac{d}{dt} e^{A^T t}[(P - P_0)]e^{At} = 0 \qquad (7.18)$$

が得られる．すなわち，$e^{A^T t}[(P - P_0)]e^{At} = c$（定数）である．よってすべての t で成り立つためには，$P_0 = P$ でなければならない．したがって，P は唯一な解である．　　　　（証明終）

代数方程式 (7.13) は**リアプノフ方程式**と呼ばれる．

例題 7.3. 例題 7.2 の質量–ばね–ダンパ系の安定性をリアプノフの補題を用いて調べなさい．

解）質量–ばね–ダンパ系を $\boldsymbol{x}(t) = [x(t), \dot{x}(t)]^T$ とおき，状態方程式表現すると

$$\dot{\boldsymbol{x}}(t) = A\boldsymbol{x}(t)$$

を得る．ただし，

$$A = \begin{bmatrix} 0 & 1 \\ -\frac{k}{m} & -\frac{c}{m} \end{bmatrix}$$

である．このとき，$Q = I$ とおき，リアプノフ方程式 (7.13) を解くと

$$P = \begin{bmatrix} P_1 & P_2 \\ P_2 & P_3 \end{bmatrix} = \begin{bmatrix} \frac{m}{2c} + \frac{k}{2c} + \frac{c}{2k} & \frac{m}{2k} \\ \frac{m}{2k} & \frac{m^2}{2ck} + \frac{m}{2c} \end{bmatrix}$$

を得る．$P_1 > 0$, $\det P = P_1 P_3 - P_2^2 > 0$ より．シルベスタ条件から P は，正定対称行列である．よって，この振動系は安定である．　[▶ p.159]

なお，上記の P を用いて，リアプノフ関数の候補として $V(\boldsymbol{x}) = \boldsymbol{x}(t)^T P \boldsymbol{x}(t)$ を考えると

$$\dot{V}(\boldsymbol{x}) = -\boldsymbol{x}(t)^T \boldsymbol{x}(t) = -\|\boldsymbol{x}(t)\|^2 < 0$$

が得られる．

7.2　非自律系（時変系）に対する安定性

7.2.1　安定性の定義—非自律系の場合—

つぎのように表される**非自律系**を考えよう．

$$\dot{\boldsymbol{x}}(t) = \boldsymbol{f}(\boldsymbol{x}(t), t),\ \boldsymbol{x}(t_0) = \boldsymbol{x}_0, \qquad (7.19)$$
$$\boldsymbol{f}(0, t) = \mathbf{0}$$

非自律系に対しては，安定性はより一般的につぎのように定義される．

定義 7.4 (安定)**.** システム (7.19) に対し，任意の $\varepsilon > 0$ および初期時刻 $t_0 \geq 0$ に対して，$\|\boldsymbol{x}_0\| < \delta(\varepsilon, t_0)$ ならば，すべての $t \geq t_0$ に対して $\|\boldsymbol{x}(t)\| < \varepsilon$ となる $\delta(\varepsilon, t_0)$ が存在するとき，システム (7.19) の原点は安定である（または，$\boldsymbol{x} = \mathbf{0}$ は，システム (7.19) の安定な平衡点である）といわれる．

また，上記の安定性が初期時刻 t_0 に依存せずに成立するとき，“**一様安定**” という．すなわち，**一様安定性**は，つぎのように定義される．

定義 7.5 (一様安定)**.** システム (7.19) の原点は，定義 7.4 において，δ を t_0 に依存せずに選ぶことができるとき，一様安定である．すなわち，任意の $\varepsilon > 0$ に対して，$\|\boldsymbol{x}_0\| < \delta(\varepsilon)$ ならば，$\|\boldsymbol{x}(t)\| < \varepsilon$ となる $\delta(\varepsilon)$ が存在するとき，システム (7.19) の原点は一様安定である（または，$\boldsymbol{x} = \mathbf{0}$ は，システム (7.19) の一様安定な平衡点である）といわれる．

このように，“**一様**” とは，すべての初期時刻 $t_0 \geq 0$ で成立するときのことをいう．

さらに，システムの**漸近安定性**，**一様漸近安定性**は以下のように定義される．

定義 7.6 (漸近安定)**.**

(i) 原点は安定である．

(ii) ある $\delta_a(t_0) > 0$ が存在し，さらに，任意の $\mu > 0$ に対してある $T(\mu, \delta_a(t_0), t_0)$ が存在して，$\|\boldsymbol{x}_0\| < \delta_a(t_0)$ ならば，すべての $t \geq t_0+T$ に対して $\|\boldsymbol{x}(t)\| < \mu$ が成り立つ．

このとき，原点は漸近安定であるという．

定義 7.7 (一様漸近安定)**.**

(i) 原点は安定である．

(ii) ある $\delta_a > 0$ が存在し，さらに，任意の $\mu > 0$ に対してある $T(\mu, \delta_a)$ が存在して，$\|\boldsymbol{x}_0\| < \delta_a$ ならば，すべての $t \geq t_0+T$ に対して $\|\boldsymbol{x}(t)\| < \mu$ が成り立つ．

このとき，原点は一様漸近安定であるという．

なお，定義 7.6 の条件 (ii) は

$$\|\boldsymbol{x}_0\| < \delta_a(t_0) \Longrightarrow \lim_{t\to\infty} \|\boldsymbol{x}(t)\| = 0$$

と表すこともできる．また，定義 7.7 の条件 (ii) は，$\boldsymbol{x}(t)$ が一様に 0 へ収束することを意味している．すなわち，

$$\|\boldsymbol{x}_0\| < \delta_a \Longrightarrow \|\boldsymbol{x}(t)\| < \gamma(t-t_0, \boldsymbol{x}_0)$$

ただし，$\gamma(\tau, \boldsymbol{x}_0)$ は，すべての $\boldsymbol{x}_0$ に対し，$\lim_{\tau\to\infty} \gamma(\tau, \boldsymbol{x}_0) = 0$ となる関数と表すこともできる．

すべての初期状態で成り立つ**大域的**（global）**な漸近安定性**，すなわち，状態空間のすべての解軌道が原点に収束する安定性は，つぎのように定義される．

定義 7.8 (大域的漸近安定)**.**

(i) 原点は安定である．

(ii) すべての $\|\boldsymbol{x}_0\|$ に対して $\lim_{t\to\infty} \|\boldsymbol{x}(t)\| = 0$ が成り立つ．

このとき，原点は大域的漸近安定である．

定義 7.9 (大域的一様漸近安定).

(i) 原点は一様安定である.

(ii) 解は一様有界. すなわち, 任意の $\delta_a > 0$ に対して, ある $B(\delta_a)$ が存在して, $\|\boldsymbol{x}_0\| < \delta_a$ ならば, すべての $t \geq t_0$ に対して $\|\boldsymbol{x}(t)\| < B(\delta_a)$ となる.

(iii) ある $\delta_a > 0$ が存在し, さらに, 任意の $\mu > 0$ に対してある $T(\mu, \delta_a)$ が存在して, $\|\boldsymbol{x}_0\| < \delta_a$ ならば, すべての $t \geq t_0 + T$ に対して $\|\boldsymbol{x}(t)\| < \mu$ が成り立つ.

このとき, 原点は大域的一様漸近安定である.

さらに, 指数的に解が原点へ収束する**指数安定性**は以下のように定義される.

定義 7.10 (指数安定).

すべての $\boldsymbol{x}_0 \in \boldsymbol{B}_h$ なる $\boldsymbol{x}_0$ および $t \geq t_0 \geq 0$ に対して

$$\|\boldsymbol{x}(t)\| \leq m e^{-\alpha(t-t_0)} \|\boldsymbol{x}_0\|$$

となる正定数 m, α が存在するとき, 原点は指数安定という.

以上, 定義したシステムの安定性は, 自律系の場合と同様に, 次項に示すリアプノフの安定定理を用いることで確認することができる.

例題 7.4. つぎのシステムの安定性を調べなさい.

$$\dot{x}(t) = (3t \sin t - 3t^2) x(t), \ x(t_0) = x_0$$

解）このシステムの解 $x(t)$ は,

$$\begin{aligned} x(t) &= \exp\left\{ \int_{t_0}^{t} (3\tau \sin \tau - 3\tau^2) d\tau \right\} x_0 \\ &= \exp\left\{ 3(\sin t - t \cos t) - t^3 - 3(\sin t_0 - t_0 \cos t_0) + t_0^3 \right\} x_0 \end{aligned}$$

となる. このとき,

$$3 \sin t \leq 3, \ -3t \cos t \leq 3t, \ 3 \sin t_0 \leq 3, \ -3t_0 \cos t_0 \leq 3t_0$$

であるので,

$$|x(t)| \leq \exp\left\{ 6 + 3t_0 + t_0^3 + 3t - t^3 \right\} |x_0|$$

と評価できる．さらに，$t \geq t_0 \geq 0$ に対して，

$$3t - t^3 \leq 2$$

なので，結局，

$$|x(t)| \leq \exp\left\{8 + 3t_0 + t_0^3\right\}|x_0|$$

を得る．よって，任意の $\varepsilon > 0$ に対して，$\delta(\varepsilon, t_0) = \varepsilon \exp\{-8 - 3t_0 - t_0^3\}$ を考えると，$|x_0| < \delta$ であれば，すべての $t \geq t_0$ で $|x(t)| < \varepsilon$ となり，安定であることがわかる．しかし，δ は t_0 に依存しているので，一様安定ではない．

7.2.2　リアプノフの安定定理—非自律系の場合—

a.　正 定 関 数

非自律系に対するリアプノフの安定定理を示す前に，スカラー関数の正定性に関して再定義しておく．

定義 7.11 (クラス K 関数)**.** 非負の時不変スカラー関数 $\alpha(\varepsilon) : \boldsymbol{R}_+ \to \boldsymbol{R}_+$ は，連続で**狭義単調増加**（strictly increasing）かつ $\alpha(0) = 0$ のとき“クラス $\boldsymbol{K}$ に属している”といい，$\alpha(\cdot) \in \boldsymbol{K}$ と表す．

定義 7.12 (正定関数)**.** 連続微分可能なスカラー関数 $V(t, \boldsymbol{x}) : \boldsymbol{R}_+ \times \boldsymbol{R}^n \to \boldsymbol{R}_+$ は，

(1) $V(t, 0) = 0$

(2) $V(t, \boldsymbol{x}) \geq \alpha(\|\boldsymbol{x}\|)$ となる $\alpha(\cdot) \in \boldsymbol{K}$ が存在する．

(3) $\|\boldsymbol{x}\| \to \infty$ で $\alpha(\|\boldsymbol{x}\|) \to \infty$

であるとき，正定関数と呼ばれる．

上記の正定関数の定義は，定義 7.3 で定義された正定関数と等価な定義である．また，$\boldsymbol{x} \in \boldsymbol{B}_h$ で上記が成り立つときは，局所的に正定関数である．

b.　リアプノフの安定定理

非自律系に対するリアプノフの安定定理は，以下のように与えられている．

定理 7.5 (リアプノフの安定定理)**.** ある連続微分可能な関数 $V(t,\boldsymbol{x})$ を考える．このとき，

(a) **安定定理**

$$\begin{cases} V(t,\boldsymbol{x}) \text{ が局所的に正定関数} \\ \dot{V}(t,\boldsymbol{x}) \le 0 \end{cases}$$

ならば，システム (7.19) の原点は安定である．

(b) **一様安定定理**

$$\begin{cases} V(t,\boldsymbol{x}) \text{ が局所的に正定関数} \\ V(t,\boldsymbol{x}) \le \beta(\|\boldsymbol{x}\|) \text{ となる} \beta(\cdot) \in \boldsymbol{K} \text{ が存在} \\ \dot{V}(t,\boldsymbol{x}) \le 0 \end{cases}$$

ならば，システム (7.19) の原点は一様安定である．

(c) **漸近安定定理**

$$\begin{cases} V(t,\boldsymbol{x}) \text{ が局所的に正定関数} \\ -\dot{V}(t,\boldsymbol{x}) \text{ が局所的に正定関数} \end{cases}$$

ならば，システム (7.19) の原点は漸近安定である．

(d) **一様漸近安定定理**

$$\begin{cases} V(t,\boldsymbol{x}) \text{ が局所的に正定関数} \\ V(t,\boldsymbol{x}) \le \beta(\|\boldsymbol{x}\|) \text{ となる} \beta(\cdot) \in \boldsymbol{K} \text{ が存在} \\ -\dot{V}(t,\boldsymbol{x}) \text{ が局所的に正定関数} \end{cases}$$

ならば，システム (7.19) の原点は一様漸近安定である．

(e) **大域的一様漸近安定定理**

$$\begin{cases} V(t,\boldsymbol{x}) \text{ が正定関数} \\ V(t,\boldsymbol{x}) \le \beta(\|\boldsymbol{x}\|) \text{ となる} \beta(\cdot) \in \boldsymbol{K} \text{ が存在} \\ -\dot{V}(t,\boldsymbol{x}) \text{ が正定関数} \end{cases}$$

ならば，システム (7.19) の原点は大域的一様漸近安定である．

証明）(a) 安定性および (d) 一様漸近安定性の証明を示す [3,18]．

(a) **安定性：**$V(t,\boldsymbol{x})$ が局所的に正定関数であるので，$\boldsymbol{x} \in B_h$ で $V(t,\boldsymbol{x}) \ge \alpha(\|\boldsymbol{x}\|)$ となる $\alpha(\cdot) \in \boldsymbol{K}$ が存在する．そこで，与えられた $\delta > 0$ に対し，

$\bar{\beta}(t,\delta) = \sup_{\|\boldsymbol{x}\| \le \delta} V(t,\boldsymbol{x})$ とおき，任意の $h \ge \varepsilon > 0$ に対して，

$$\bar{\beta}(t_0,\delta) < \alpha(\varepsilon)$$

となる $\delta(t_0,\varepsilon)$ を考える．$\bar{\beta}(t_0,\delta)$ が δ に関して連続なので，このような $\delta(t_0,\varepsilon)$ は必ず存在する．そこで，$\|\boldsymbol{x}_0\| \le \delta(t_0,\varepsilon)$ を出発する (7.19) 式の解を考えると，$\dot{V}(t,\boldsymbol{x}) \le 0$ より，

$$\alpha(\|\boldsymbol{x}\|) \le V(t,\boldsymbol{x}) \le V(t_0,\boldsymbol{x}_0) \le \bar{\beta}(t_0,\delta) < \alpha(\varepsilon)$$

が得られる．よって，$\alpha(\cdot) \in \boldsymbol{K}$ より，$\|\boldsymbol{x}\| < \varepsilon$ がいえる．

(d) **一様漸近安定性：** 任意の $\varepsilon > 0$ に対して，$\beta(\delta) < \alpha(\varepsilon)$ となるような $\delta(\varepsilon) > 0$ を考える．このとき，$\|\boldsymbol{x}_0\| \le \delta(\varepsilon)$ を出発する (7.19) 式の解を考えると，$\dot{V}(t,\boldsymbol{x}) < 0$ より，

$$\alpha(\|\boldsymbol{x}\|) \le V(t,\boldsymbol{x}) \le V(t_0,\boldsymbol{x}_0) \le \beta(\delta) < \alpha(\varepsilon)$$

すなわち，$\|\boldsymbol{x}\| < \varepsilon$ を得る．よって，原点は一様安定である．

つぎに，$0 < \mu \le \|\boldsymbol{x}_0\|$ なる μ を考え，$\beta(\nu) < \alpha(\mu)$ となる $\nu(\mu) > 0$ を選ぶ．ここで，$-\dot{V}(t,\boldsymbol{x})$ が正定関数であることから

$$\dot{V}(t,\boldsymbol{x}) \le -\gamma(\|\boldsymbol{x}\|)$$

となる $\gamma(\cdot) \in \boldsymbol{K}$ が存在する．そこで，$\nu(\mu) \le \|\boldsymbol{x}\| \le \varepsilon$ での $\gamma(\|\boldsymbol{x}\|)$ の最小値を $\gamma_m(\mu,\varepsilon)$ とおき，$T(\mu,\delta) = \beta(\delta)/\gamma_m(\mu,\varepsilon)$ とおくとき，$t_0 \le t \le t_0 + T$ で $\|\boldsymbol{x}(t)\| > \nu$ となる t が存在するとすると，

$$V(t_0+T,\boldsymbol{x}) - V(t_0,\boldsymbol{x}_0) = \int_{t_0}^{t_0+T} \dot{V}(\tau,\boldsymbol{x})d\tau \le -\gamma_m T$$

となることから，

$$0 < \alpha < V(t_0+T,\boldsymbol{x}) \le V(t_0,\boldsymbol{x}_0) - \gamma_m T < \beta(\delta) - \gamma_m T = 0$$

となり，矛盾する．すなわち，$\|\boldsymbol{x}(t_1)\| = \nu$ となる時刻 t_1 が存在する．このとき，$t \ge t_1$ なる t に対して，

$$\alpha(\boldsymbol{x}) \le V(t,\boldsymbol{x}) \le V(t_1,\boldsymbol{x}(t_1)) \le \beta(\nu) < \alpha(\mu)$$

を得る．よって，すべての $t \ge t_0 + T \ge t_1$ なる t で

$$\|\boldsymbol{x}\| < \mu$$

となり，原点は一様漸近安定といえる．

なお，$V(t,\boldsymbol{x})$ が正定関数であるときは，$\boldsymbol{x} \to \infty$ で $\alpha(\|\boldsymbol{x}\|) \to \infty$ となる $\alpha(\cdot) \in \boldsymbol{K}$ が存在することから，任意に十分大きな δ を考えることができるので大域的な漸近安定性が示せる．（証明終）

7.2.3　線形時変システムの安定性

a.　線形時変システムの解

つぎの線形時変系を考える．

$$\dot{\boldsymbol{x}}(t) = A(t)\boldsymbol{x}(t), \quad \boldsymbol{x}(t_0) = \boldsymbol{x}_0 \tag{7.20}$$

ここに，$A(t) \in \boldsymbol{R}^{n\times n}$ は，連続な関数とする．

このとき，(7.20) 式の解は，

$$\boldsymbol{x}(t) = \Phi(t,t_0)\boldsymbol{x}_0$$

となる．ここに，$\Phi(t,t_0)$ は，$A(t)$ に関する状態遷移行列であり，行列微分方程式：

$$\frac{d}{dt}\left(\Phi(t,t_0)\right) = A(t)\Phi(t,t_0), \quad \Phi(t_0,t_0) = I$$

の唯一の解である．

状態遷移行列は，つぎの特性を満足する．

(a) $$\Phi(t,t_0) = \Phi(t,\tau)\Phi(\tau,t_0)$$

(b) $$\Phi(t,t_0)^{-1} = \Phi(t_0,t)$$

(c) $$\begin{aligned}\frac{d}{dt}\left(\Phi(t,t_0)\right) &= \frac{d}{dt}\left(\Phi(t_0,t)^{-1}\right)\\ &= -\Phi(t_0,t)^{-1}A(t_0)\Phi(t_0,t)\Phi(t_0,t)^{-1}\\ &= -\Phi(t_0,t)^{-1}A(t_0)\end{aligned}$$

b.　線形時変システムの安定性

線形時変システムの安定性に関して，その線形性より，つぎの定理が成り立つ．

定理 7.6. システム (7.20) の原点が一様漸近安定であるための必要十分条件

は，システム (7.20) の原点が指数安定であることである．すなわち，ある正数 $m > 0, \alpha > 0$ が存在し，すべての $t \geq t_0 \geq 0$ で

$$\|\Phi(t, t_0)\| \leq m e^{-\alpha(t-t_0)} \tag{7.21}$$

が成立することである．

さらに，リアプノフの安定性に関しては，つぎの定理が成り立つ．

定理 7.7. (7.20) 式において，$A(t)$ は連続かつ有界とする．このとき，ある $Q(t) \geq \beta I$ に対して，

$$P(t) = \int_t^\infty \Phi^T(\tau, t) Q(\tau) \Phi(\tau, t) d\tau \tag{7.22}$$

が存在して有界であるなら，(7.20) 式の原点は一様漸近安定である．

なお，(7.22) 式で定義される $P(t)$ は，

$$-\dot{P}(t) = A(t)^T P(t) + P(t) A(t) + Q(t) \tag{7.23}$$

を満足している．また，

$$V(t, \boldsymbol{x}) = \boldsymbol{x}(t)^T P(t) \boldsymbol{x}(t) \tag{7.24}$$

は，そのときのリアプノフ関数となっている．言い換えると，(7.23) 式を満足する $P(t) > 0$ が存在すれば，システムは一様漸近安定となる．

演 習 問 題

問題 7.1. つぎのシステムの安定性を調べなさい．

$$\dot{x}(t) = -2x(t)^3 - x(t)$$

問題 7.2. つぎの線形システム：

$$\dot{\boldsymbol{x}}(t) = A\boldsymbol{x}(t),\ A = \begin{bmatrix} 0 & 1 \\ -2 & -3 \end{bmatrix},\ \ \boldsymbol{x}(t) = \begin{bmatrix} x_1(t) \\ x_2(t) \end{bmatrix}$$

の安定性を正定関数：$V(\boldsymbol{x}) = 2x_1(t)^2 + 2x_1(t)x_2(t) + x_2(t)^2$ を用いて調べなさい．

問題 7.3. 問題 7.2 のシステムの安定性をリアプノフの補題を用いて調べなさい．

問題 7.4. 非線形システム：

$$\ddot{x}(t) + a(1 - x(t)^2)\dot{x}(t) + x(t)^3 = 0, \quad a > 0$$

の安定性を調べなさい.

8 周波数特性と状態フィードバック制御

状態フィードバック制御では極配置や最適レギュレータにより状態フィードバックゲインやオブザーバゲインを決定する．したがって，これらのゲインにより閉ループ系の安定性は保証されているように思われる．しかし，これらのゲイン決定の際に使用したシステムのモデル化誤差やシステムのパラメータ変動により閉ループ系が不安定になる場合もある．閉ループ系の安定性の解析には，一巡伝達関数の周波数応答に基づくナイキストの安定判別法が有用で，それを利用するためには周波数特性の概念を理解しておく必要がある．なお，ナイキストの安定判別法の概要については付録 C で説明している．

本章では，周波数特性の概念を説明した後，周波数特性を用いた状態フィードバック制御の安定解析について数値例を用いて説明する．

8.1 伝達関数と周波数特性

線形システムに正弦波を入力したとき，その出力は定常状態で入力と同じ周波数の正弦波となることが知られている（1.2.6 項参照）．システムにさまざまな周波数の正弦波を入力したときの応答をそのシステムの周波数応答という．

いま，図 8.1 のシステムを考える．図 8.1 のシステムは，$A = -1$，$\boldsymbol{b} = 1$，$\boldsymbol{c}^T = 1$ のシステムであるので，入力 u から出力 y までの伝達関数を $G(s)$ とすると，$G(s)$ は次式の一次系であることがわかる．

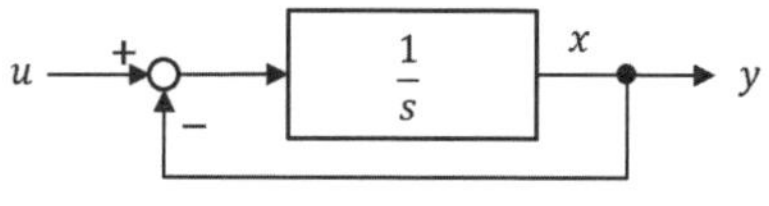

図 8.1 一次系

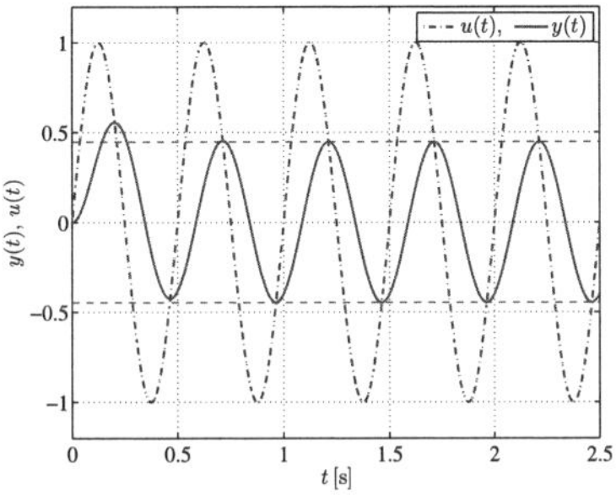

図 8.2 一次系 $1/(s+1)$ の正弦波入力に対する応答

$$G(s) = \boldsymbol{c}^T(s-A)^{-1}\boldsymbol{b} = \frac{1}{s+1} \tag{8.1}$$

図 8.2 は，図 8.1 のシステムに $u(t) = \sin 2t$ を入力したときの出力 $y(t)$ を示している．図 8.2 より，出力 $y(t)$ は 2 周期目位から定常状態になっており，その振幅は入力の振幅の $|G(j2)| = |1/(1+j2)| = 0.447$ 倍となり，入出力の位相差は $\angle G(j2) = -\angle(1+j2) \simeq 0.35\pi[\mathrm{rad}]$ となっている．

一般に伝達関数 $G(s)$ で表される任意の線形システムに周波数 ω [rad/s] の正弦波を入力したときの定常状態の出力の振幅および位相も図 8.1 のシステムの場合と同様に $G(j\omega)$ を用いて表せることが知られている．以下でその理由について説明する．

伝達関数 $G(s)$ で表される安定な線形システムに仮想的な複素正弦波

$$u(t) = e^{j\omega t} = \cos\omega t + j\sin\omega t \tag{8.2}$$

を入力したときの出力 $y(t)$ のラプラス変換 $Y(s)$ は，$\mathcal{L}[u(t)] = U(s) = (s-j\omega)^{-1}$ であるので， [▶ p.8]

$$Y(s) = G(s)U(s) = G(s)\frac{1}{s-j\omega} \tag{8.3}$$

となる．ここで (8.3) 式をつぎのように部分分数展開する．

$$Y(s) = G(s)\frac{1}{s-j\omega} = \frac{K}{s-j\omega} + R(s) \tag{8.4}$$

ただし，$R(s)$ は $y(s) - K(s-j\omega)^{-1}$，すなわち，$G(s)$ の極のみに関する部分分数であり，入力のもつ極 $j\omega$ は含まれない．また，K については後述する．$G(s)$ が安定と仮定すると，$R(s)$ は安定極のみを含み，不安定極を含まない．したがって，その逆ラプラス変換は十分時間が経過すると 0 に収束する．すなわち，

$$\lim_{t \to \infty} \mathcal{L}^{-1}[R(s)] = 0 \tag{8.5}$$

となる．したがって，十分時間が経過した定常状態の $y(t)$ は $K(s-j\omega)^{-1}$ の逆ラプラス変換から得られる．

ここで K を求めるため，(8.4) 式の両辺に $s-j\omega$ を掛けた次式

$$G(s) = K + R(s)(s-j\omega) \tag{8.6}$$

において，$s=j\omega$ とすると，K は

$$K = G(j\omega) \tag{8.7}$$

と求まる．以上より，$u(t)=e^{j\omega t}$ のとき，定常状態における $Y(s)$ は

$$Y(s) = G(j\omega)\frac{1}{s-j\omega} \tag{8.8}$$

となるので，定常状態における出力 $y(t)$ は次式となる．

$$y(t) = G(j\omega)e^{j\omega t} = |G(j\omega)|e^{j\angle G(j\omega)}e^{j\omega t} = |G(j\omega)|e^{j\{\omega t + \angle G(j\omega)\}} \tag{8.9}$$

ここで，$G(j\omega)$ を**周波数伝達関数**と呼び，伝達関数 $G(s)$ の s を $j\omega$ に置き換えたのものである．また，$G(j\omega)$ は複素数で，入力 $u(t)=e^{j\omega t}$ の振幅を $|G(j\omega)|$ 倍し，位相を $\angle G(j\omega)$ だけ変化させる働きをすることがわかる．$|G(j\omega)|$ をゲイン，$\angle G(j\omega)$ を位相という．また，これらが周波数 ω により変化する特性を周波数特性という．

なお，$G(s)$ が不安定なとき，$G(s)$ の出力は発散してしまうため，$G(j\omega)$ は物理的意味をもたない．しかし，$G(j\omega)$ は $G(s)$ が不安定な場合でも形式的に定義でき，後述のように制御系の設計，解析に有用である．

定義 8.1 (周波数伝達関数)**.** 伝達関数 $G(s)$ の s を $j\omega$ に置き換えた $G(j\omega)$ を周波数伝達関数と呼ぶ．

周波数伝達関数 $G(j\omega)$ は ω をパラメータとする複素数であり，周波数伝達関数 $G(j\omega)$ のゲインおよび位相の特性が図で表現されていると，直観的にシステム $G(s)$ の特性を理解しやすい．周波数伝達関数の代表的な図的表現法としてベクトル軌跡とボード線図がある．ベクトル軌跡は複素数である $G(j\omega)$ を複素平面上にプロットしたものである．また，ボード線図は $G(j\omega)$ の振幅と位相を別々のグラ

フにプロットしたもので，それぞれ，ゲイン線図および位相線図と呼ぶ．ベクトル軌跡とボード線図の描き方については古典制御に関する書籍（例えば杉江，藤田[20]）を参考にされたい．

8.2 周波数特性と安定余裕

実際の制御系では，モデル化誤差や動作環境の変動によるシステムのパラメータ変動により，システムを表す A，$\boldsymbol{b}$ および $\boldsymbol{c}^T$ が，状態フィードバックゲインの決定，オブザーバゲインの決定および制御器内のオブザーバに使用する A，$\boldsymbol{b}$ および $\boldsymbol{c}^T$ と必ずしも一致しない．したがって，システムのパラメータ変動の制御性能への及ぼす影響が小さくなるよう，状態フィードバックゲインやオブザーバゲインを決定する必要がある．そのためには，ナイキストの安定判別法に基づく安定余裕についての概念を理解する必要がある．ナイキストの安定判別法は一巡伝達関数の周波数特性に基づく閉ループ系の安定判別法で，詳しくは付録 C を参照されたい．

モデル化誤差や制御対象のパラメータ変動の影響は一巡伝達関数 $L(s)$ の周波数特性に現れる．$L(s)$ の周波数特性が変動しても閉ループ系が安定であるためには，$L(s)$ の変動前後でナイキスト軌跡が臨界点 $(-1, 0)$ を周回する回数が変化しなければよい．そのためには，ナイキスト軌跡と臨界点の距離が十分大きければよい．そこでナイキスト軌跡と臨界点の距離 $|L(j\omega) - (-1 + j0)| = |1 + L(j\omega)|$ の最小値を安定性に関する余裕を表す指標として利用できる．すなわち，次式により**安定余裕** SM（Stability Margin）を表す．

$$\mathrm{SM} = \min_{\omega} |1 + L(j\omega)| \tag{8.10}$$

SM は経験的に 0.5 以上が望ましい．なお，$1 + L(s)$ を**還送差**と呼ぶ．

また，**感度関数** $S(s)$ は還送差の逆数，すなわち，次式で表されるので，

$$S(s) = \frac{1}{1 + L(s)} \tag{8.11}$$

$|S(j\omega)|$ の最大値 M_S

$$M_S = \max_{\omega} |S(j\omega)| \tag{8.12}$$

を安定余裕と考えてもよい．M_S は最大感度と呼ばれ，$1/0.5 = 2 = 6[\mathrm{dB}]$ 以下

が望ましい値として知られている[21]．なお，M_S が大きくなるにつれ，状態変数や出力の応答が振動的となり，その減衰が悪くなる．

ところで，(8.11) 式より，$|L(j\omega)| \gg 1$ のとき，

$$S(j\omega) \simeq L^{-1}(j\omega)$$

と近似でき，また，$|L(j\omega)| \ll 1$ のとき，

$$S(j\omega) \simeq 1$$

と近似できるので，感度関数 $S(s)$ のゲイン線図の概形は，一巡伝達関数 $L(s)$ のボード線図から予測できる．また，$|S(j\omega)|$ は $L(j\omega)$ と臨界点 $(-1, 0)$ の距離の逆数であるので，つぎの場合に，$L(j\omega)$ が臨界点に近づき $|S(j\omega)|$ が大きくなる．

1) $|L(j\omega)| = 1$ となる ω において $\angle L(j\omega)$ が $-180°$ に近いとき

2) $\angle L(j\omega) = -180°$ となる ω において $|L(j\omega)|$ が 1 に近いとき

ここで，$|L(j\omega)| = 1$ となる ω を**ゲイン交差周波数** ω_{gc}，$\angle L(j\omega) = -180°$ となる ω を**位相交差周波数** ω_{pc} と呼ぶ．以上より，$|S(j\omega)|$ は，ω_{gc} または ω_{pc} 付近の周波数で最大値 M_S をとる．

なお，ゲイン交差周波数 ω_{gc} は閉ループ系の応答速度の目安となり，ω_{gc} が大きいほど閉ループ系が速い応答を示す．

8.3　周波数特性を用いた状態フィードバック制御の安定解析

状態フィードバック制御には，システムの状態変数を直接フィードバックする構成と，オブザーバで推定した状態変数をフィードバックする構成が可能である．また，システムの状態変数を直接フィードバックする場合，状態フィードバックゲインを最適レギュレータにより決定すると，円条件または還送差条件と呼ばれる安定余裕の大きな閉ループ系が得られる．ここでは，これらの安定解析について説明する．

8.3.1　状態フィードバックと円条件

状態変数を直接フィードバックする状態フィードバック制御系を考える．そのブロック線図を図 8.3 に示す．図 8.3 の制御系の一巡伝達関数および入力 v から出力 y までの伝達関数を，それぞれ，$L(s)$ および $G_{yv}(s)$ とすると，つぎのよう

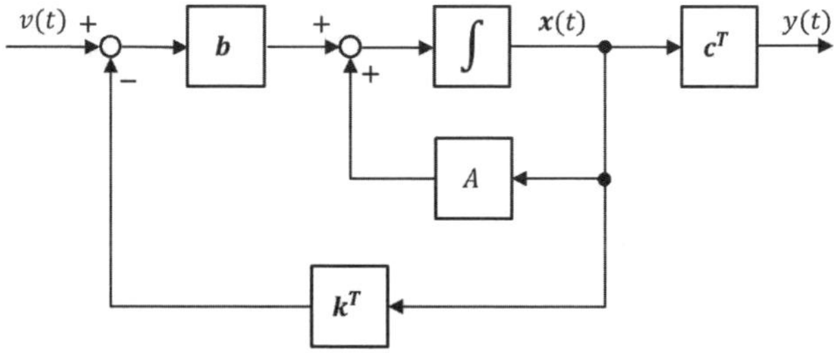

図 8.3 状態フィードバック制御系

になる.

$$L(s) = \boldsymbol{k}^T(sI - A)^{-1}\boldsymbol{b} \tag{8.13}$$

$$G_{yv}(s) = \frac{\boldsymbol{c}^T(sI - A)^{-1}\boldsymbol{b}}{1 + \boldsymbol{k}^T(sI - A)^{-1}\boldsymbol{b}} \tag{8.14}$$

図 8.3 の閉ループ系の安定性は，ナイキストの安定判別法により，(8.13) 式の一巡伝達関数 $L(s)$ の周波数特性を用いて判定できる．ところで最適レギュレータによる状態フィードバックでは，$|1 + L(j\omega)| \geq 1$ となる，すなわち，$\mathrm{SM} = M_S = 1$ となる安定余裕の大きな閉ループ系が構成されることが知られている．なお，$|1 + L(j\omega)| \geq 1$ は最適レギュレータの**円条件**（または**還送差条件**）と呼ばれる．まず，これについて説明しておこう．

まず，最適レギュレータの状態フィードバックゲインを求めるためのリカッチ方程式を次式に書き換える． [▶ p.69]

$$-PA - A^TP + \frac{1}{r}P\boldsymbol{b}\boldsymbol{b}^TP = Q \tag{8.15}$$

上式の両辺に $sP - sP(= 0)$ を加えると，

$$P(sI - A) + (-sI - A^T)P + \frac{1}{r}P\boldsymbol{b}\boldsymbol{b}^TP = Q \tag{8.16}$$

となる．さらに，上式に左から $\boldsymbol{b}^T(-sI - A^T)^{-1}$，右から $(sI - A)^{-1}\boldsymbol{b}$ を掛けると次式を得る．

$$\begin{aligned} &\boldsymbol{b}^T(-sI - A^T)^{-1}P\boldsymbol{b} + \boldsymbol{b}^TP(sI - A)^{-1}\boldsymbol{b} \\ &+\frac{1}{r}\boldsymbol{b}^T(-sI - A^T)^{-1}P\boldsymbol{b}\boldsymbol{b}^TP(sI - A)^{-1}\boldsymbol{b} \\ &\qquad = \boldsymbol{b}^T(-sI - A^T)^{-1}Q(sI - A)^{-1}\boldsymbol{b} \end{aligned} \tag{8.17}$$

ここで，リカッチ方程式の正定対称解 P と状態フィードバックゲイン $\boldsymbol{k}^T$ の関係より，$\boldsymbol{b}^TP = r\boldsymbol{k}^T$ および $P\boldsymbol{b} = r\boldsymbol{k}$ であるので，上式は

$$\begin{aligned} &r\boldsymbol{b}^T(-sI-A^T)^{-1}\boldsymbol{k}+r\boldsymbol{k}^T(sI-A)^{-1}\boldsymbol{b} \\ &+r\boldsymbol{b}^T(-sI-A^T)^{-1}\boldsymbol{k}\boldsymbol{k}^T(sI-A)^{-1}\boldsymbol{b} \\ &=\boldsymbol{b}^T(-sI-A^T)^{-1}Q(sI-A)^{-1}\boldsymbol{b} \end{aligned} \tag{8.18}$$

となる．さらに，上式の両辺に r を加えて整理すると次式を得る．

$$\begin{aligned} &r\{1+\boldsymbol{b}^T(-sI-A^T)^{-1}\boldsymbol{k}\}\{1+\boldsymbol{k}^T(sI-A)^{-1}\boldsymbol{b}\} \\ &=r+\boldsymbol{b}^T(-sI-A^T)^{-1}Q(sI-A)^{-1}\boldsymbol{b} \end{aligned} \tag{8.19}$$

ところで，一入出力システムに直接状態フィードバックを行う場合の一巡伝達関数 $L(s)$ は (8.13) 式で与えられ，また，$L(s)$ は，(8.13) 式の双対系として次式のように表すこともできる．

$$L(s)=\boldsymbol{b}^T(sI-A^T)^{-1}\boldsymbol{k} \tag{8.20}$$

これらの関係を用いると (8.19) 式は次式となる．

$$r\{1+L(-s)\}\{1+L(s)\}=r+\boldsymbol{b}^T(-sI-A^T)^{-1}Q(sI-A)^{-1}\boldsymbol{b} \tag{8.21}$$

ここで，上式の両辺を r で割って，$s=j\omega$ とおくと，

$$\{1+L(-j\omega)\}\{1+L(j\omega)\}=1+\frac{1}{r}\boldsymbol{b}^T(-j\omega I-A^T)^{-1}Q(j\omega I-A)^{-1}\boldsymbol{b} \tag{8.22}$$

を得る．ここで上式の右辺第 2 項は $Q\geq 0$ より非負であるので，

$$\{1+L(-j\omega)\}\{1+L(j\omega)\}=|1+L(j\omega)|^2\geq 1 \tag{8.23}$$

となり，つぎの円条件を得る．

$$|1+L(j\omega)|\geq 1 \tag{8.24}$$

なお，円条件は，ナイキスト軌跡とナイキストの安定判別法における臨界点の距離が 1 以上であること，すなわち，ナイキスト軌跡が臨界点 $(-1,0)$ を中心とする単位円の内部を通らないことを示している．

簡単な数値例を示しておこう．つぎの可制御・可観測なシステムを考える．

$$A=\begin{bmatrix} 0 & 0 \\ 1 & -1 \end{bmatrix},\ \boldsymbol{b}=\begin{bmatrix} 1 \\ 0 \end{bmatrix},\ \boldsymbol{c}^T=[0\ 1] \tag{8.25}$$

なお，(8.25) 式で与えられる制御対象の伝達関数は $P(s)=1/s(s+1)$ である．ここで重み Q を単位行列，$r=1$ として得られた最適レギュレータの状態フィー

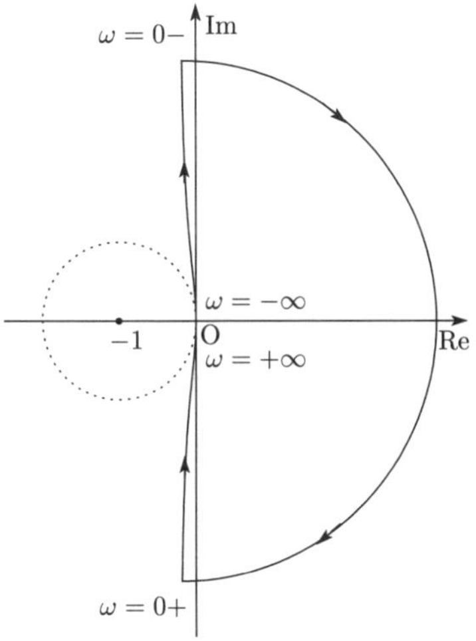

(a) $L_1(s)$（最適レギュレータ）

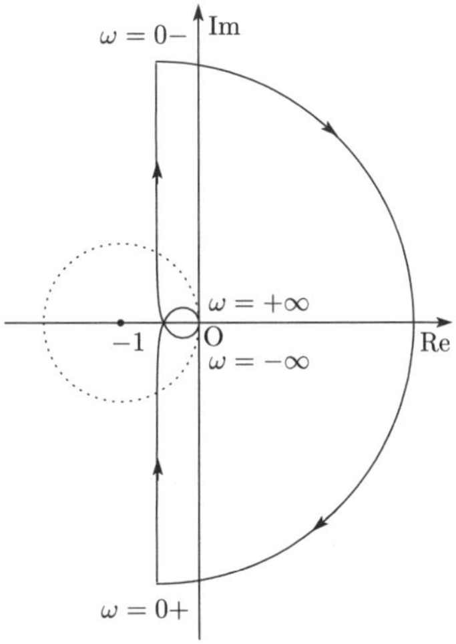

(b) $L_2(s)$（非最適レギュレータ）

図 8.4 ナイキスト軌跡

ドバックゲインを $\boldsymbol{k}_1$ とすると，

$$\boldsymbol{k}_1^T = [1.1974\ 0.2168] \tag{8.26}$$

となる．また，このときの一巡伝達関数を $L_1(s)$ とすると，$L_1(s)$ は次式となり，

$$L_1(s) = \boldsymbol{k}_1^T(sI - A)^{-1}\boldsymbol{b} = \frac{1.197s + 1.414}{s(s+1)} \tag{8.27}$$

そのときの閉ループ極は $-1.0987 \pm j0.4551$ となる．また，比較のため，閉ループ極を $(-1.0987 \pm j0.455)/4$ に極配置することによる状態フィードバックゲインを $\boldsymbol{k}_2$ とすると，

$$\boldsymbol{k}_2^T = [-0.4507\ 0.5390] \tag{8.28}$$

となる．また，このときの一巡伝達関数を $L_2(s)$ とすると，$L_2(s)$ は次式となる．

$$L_2(s) = \boldsymbol{k}_2^T(sI - A)^{-1}\boldsymbol{b} = \frac{-0.4507s + 0.08839}{s(s+1)} \tag{8.29}$$

図 8.4(a) は，最適レギュレータゲインをもつ (8.27) 式の $L_1(s)$ のナイキスト軌跡を示したものである．ただし，ナイキスト経路は $L_1(s)$ および $L_2(s)$ の虚軸上の極 $s = 0$ を右半面側に回避した．これより，$L_1(s)$ のナイキスト軌跡が，点線で示した臨界点 $(-1, 0)$ を中心とする単位円の内部を通らないことがわかる．また，図 8.4(b) は，$L_1(s)$ の場合と同じナイキスト経路による，(8.29) 式の $L_2(s)$

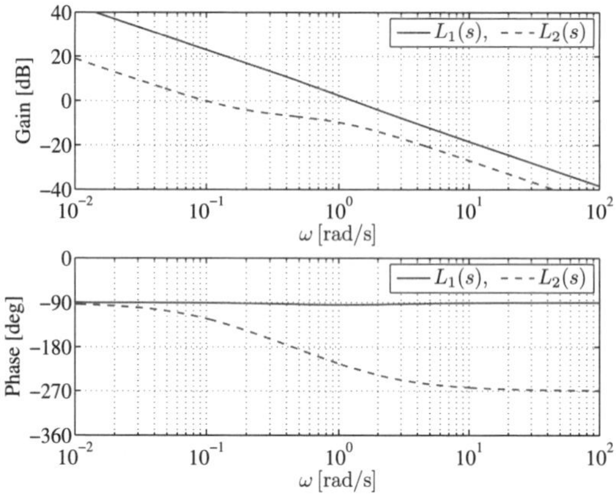

図 8.5　一巡伝達関数 $L_1(s)$ および $L_2(s)$ のボード線図

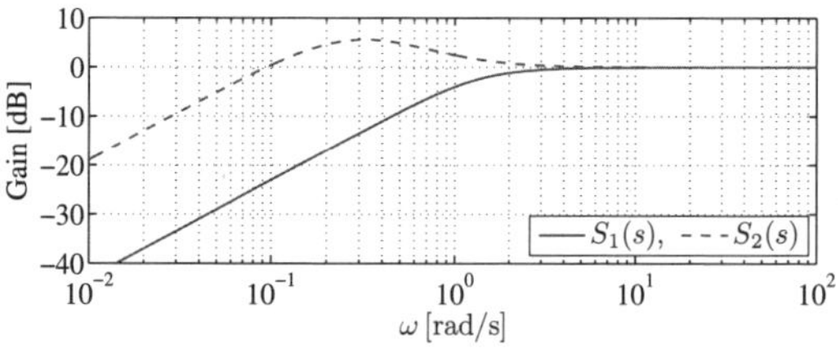

図 8.6　感度関数 $S_1(s)$ および $S_2(s)$ のゲイン線図

のナイキスト軌跡を示しており，これより，$L_2(s)$ のナイキスト軌跡が点線で示した臨界点 $(-1, 0)$ を中心とする単位円の内側を通ることがわかる．

図 8.5 は，(8.27) 式の $L_1(s)$ および (8.29) 式の $L_2(s)$ のボード線図である．また，図 8.6 は，一巡伝達関数 $L_1(s)$ および $L_2(s)$ のそれぞれに対応する感度関数 $S_1(s)$ および $S_2(s)$ のゲイン線図である．最適レギュレータによる状態フィードバックゲインをもつ $L_1(s)$ では，円条件 $|1+L_1(j\omega)| \geq 1$ より $|S_1(j\omega)| = 1/|1+L_1(j\omega)| \leq 1$，すなわち，最大感度 M_S は $1 = 0\,\mathrm{dB}$ であることが図 8.6 より確認できる．これに対し，円条件を満足しない $L_2(s)$ では，図 8.5 よりゲイン交差周波数 $\omega_{gc} \simeq 0.1\,\mathrm{rad/s}$ と位相交差周波数 $\omega_{pc} \simeq 0.5\,\mathrm{rad/s}$ をもち，図 8.6 より，これらの中間付近の周波数で，最大感度 $M_S \simeq 2 = 6\,\mathrm{dB}$ を示すことがわかる．

8.3.2　オブザーバを用いた状態フィードバック制御

オブザーバによる状態変数の推定値，オブザーバゲインを，それぞれ，$\hat{\boldsymbol{x}}(t)$，$\boldsymbol{g}$

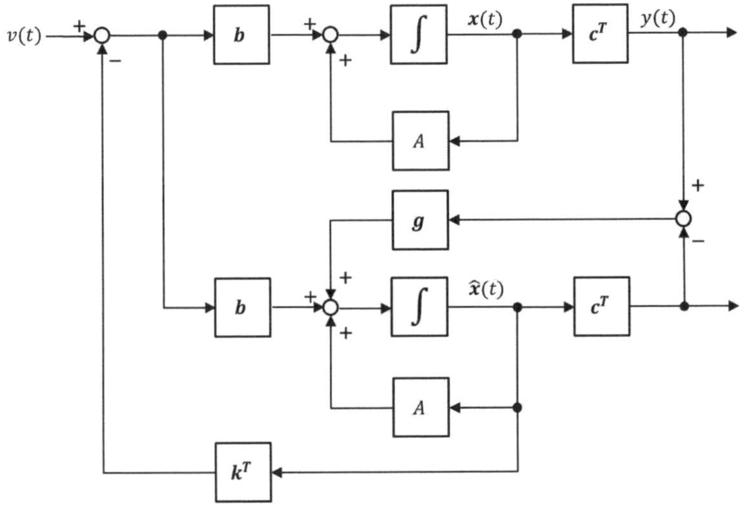

(a) 状態空間表現

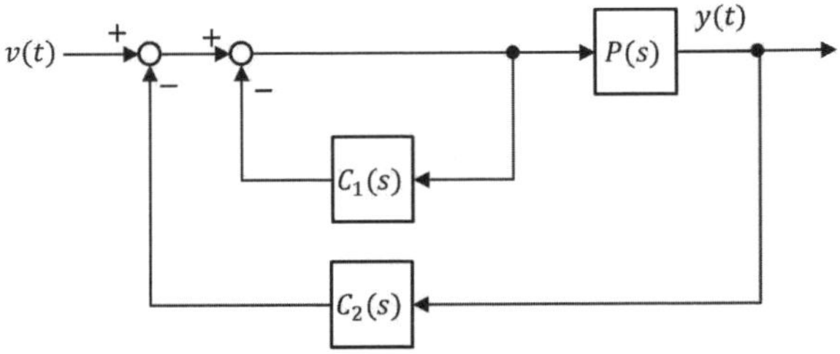

(b) 伝達関数表現

図 8.7 全次元オブザーバを用いた状態フィードバック制御

とする同一次元オブザーバを用いた状態フィードバック系は図 8.7(a) のように表すことができる．図 8.7(a) はシステムの伝達関数 $P(s)$，オブザーバを含む制御器の伝達関数 $C_1(s)$ および $C_2(s)$ を用いて，図 8.7(b) のように書き換えることができる．ただし，$P(s)$，$C_1(s)$ および $C_2(s)$ は，それぞれ，次式で与えられる．

$$P(s) = \boldsymbol{c}^T(sI - A)^{-1}\boldsymbol{b} \tag{8.30}$$

$$C_1(s) = \boldsymbol{k}^T(sI - A + \boldsymbol{g}\boldsymbol{c}^T)^{-1}\boldsymbol{b} \tag{8.31}$$

$$C_2(s) = \boldsymbol{k}^T(sI - A + \boldsymbol{g}\boldsymbol{c}^T)^{-1}\boldsymbol{g} \tag{8.32}$$

図 8.7(b) より，このときの一巡伝達関数 $L(s)$ は次式となる．

$$L(s) = \frac{C_2(s)P(s)}{1 + C_1(s)} = \frac{\boldsymbol{k}^T(sI - A + \boldsymbol{g}\boldsymbol{c}^T)^{-1}\boldsymbol{g}\boldsymbol{c}^T(sI - A)^{-1}\boldsymbol{b}}{1 + \boldsymbol{k}^T(sI - A + \boldsymbol{g}\boldsymbol{c}^T)^{-1}\boldsymbol{b}} \tag{8.33}$$

また，閉ループ系の入力 $v(t)$ から出力 $y(t)$ までの伝達関数を $G_{yv}(s)$ とすると，$G_{yv}(s)$ は

$$G_{yv}(s) = \frac{P(s)\{1 + C_1(s)\}^{-1}}{1 + C_2(s)P(s)\{1 + C_1(s)\}^{-1}} = \frac{P(s)}{1 + C_1(s) + C_2(s)P(s)} \tag{8.34}$$

となる．ただし，(8.34) 式は (8.14) 式に一致する，すなわち，オブザーバの使用の有無により $G_{yv}(s)$ は変わらないことが知られている（演習問題 8.3 参照）．

以上よりオブザーバは閉ループ伝達関数 $G_{yv}(s)$ に影響しないように見える．しかし，実際の制御系では，モデル化誤差や動作環境の変動によるシステムのパラメータ変動により，設計およびオブザーバに使用するシステムパラメータは，真のパラメータと必ずしも一致しない．したがって，システムのパラメータ変動の影響が小さくなるよう，状態フィードバックゲインやオブザーバゲインを決定する必要がある．なお，ゲインの決定には，前項で説明したナイキストの安定判別法に基づく安定余裕の指標が使用できる．

いま，オブザーバゲインの閉ループ系に及ぼす影響を考えるため，(8.35) 式の可制御・可観測なシステムを考えよう．

$$A = \begin{bmatrix} 0 & 0 \\ 1 & 1 \end{bmatrix},\ \boldsymbol{b} = \begin{bmatrix} 1 \\ 0 \end{bmatrix},\ \boldsymbol{c}^T = [0\ 1] \tag{8.35}$$

なお，このシステムの伝達関数は $1/s(s-1)$ で，不安定極 1 をもつ．このシステムの閉ループ極を -1（2 重根）とする状態フィードバックゲイン $\boldsymbol{k}$ は

$$\boldsymbol{k}^T = [3\ 4] \tag{8.36}$$

となる．

オブザーバゲインの影響を考察するため，オブザーバの極を -1（2 重根）および -10（2 重根）とする二つの場合を考える．このときのオブザーバゲインを，それぞれ，$\boldsymbol{g}_1$ および $\boldsymbol{g}_2$ とすると，つぎのように与えられる．

$$\boldsymbol{g}_1 = [1\ 3]^T \tag{8.37}$$

$$\boldsymbol{g}_2 = [100\ 21]^T \tag{8.38}$$

オブザーバを使用せず，直接状態変数をフィードバックする場合の一巡伝達関数を $L_0(s)$ とすると

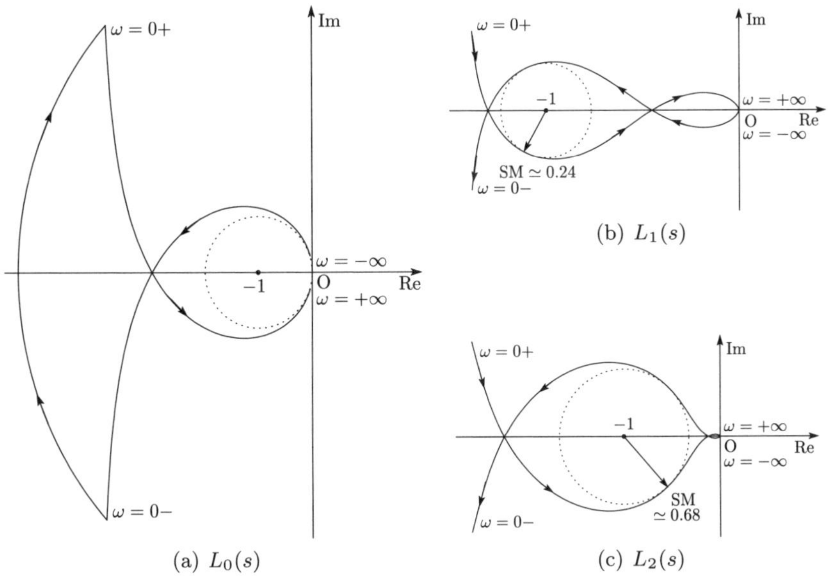

図 8.8　$L_0(s)$, $L_1(s)$ および $L_2(s)$ のナイキスト軌跡

$$L_0(s) = \boldsymbol{k}^T(sI - A)^{-1}\boldsymbol{b} = \frac{3s+1}{s(s-1)} \tag{8.39}$$

となる．また，オブザーバを使用した場合は，オブザーバゲイン $\boldsymbol{g}_1$ および $\boldsymbol{g}_2$ に対する一巡伝達関数を，それぞれ，$L_1(s)$ および $L_2(s)$ とすると，これらは，それぞれ，(8.40) 式および (8.41) 式となる．

$$L_1(s) = \frac{15s+1}{s(s-1)(s^2+5s+11)} \tag{8.40}$$

$$L_2(s) = \frac{384s+100}{s(s-1)(s^2+23s+164)} \tag{8.41}$$

なお，図 8.7 の閉ループ系の入力 v から出力 y までの伝達関数 $G_{yv}(s)$ は，オブザーバの使用の有無およびオブザーバゲインによらず，

$$G_{yv}(s) = \frac{1}{(s+1)^2} \tag{8.42}$$

となる．

図 8.8 に (8.39)，(8.40) 式および (8.41) 式の一巡伝達関数のナイキスト軌跡を示す．図 8.8(a) は (8.39) 式の一巡伝達関数 $L_0(s)$ のナイキスト軌跡である．ただし，虚軸上の極 $s = 0$ を避けるため，ナイキスト経路を $s = 0$ 近傍で右半面に回

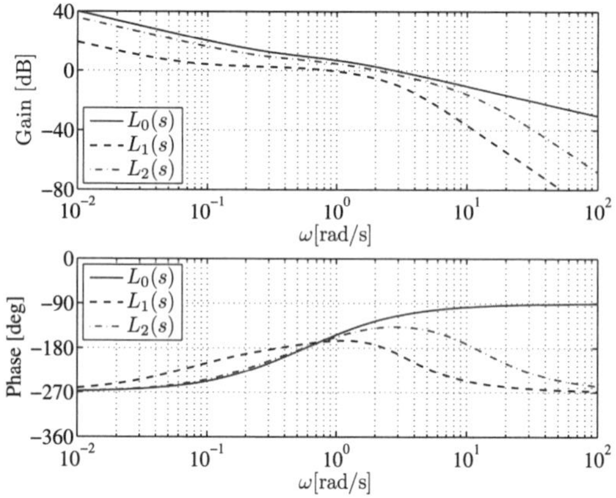

図 8.9　一巡伝達関数 $L_0(s)$，$L_1(s)$ および $L_2(s)$ のボード線図

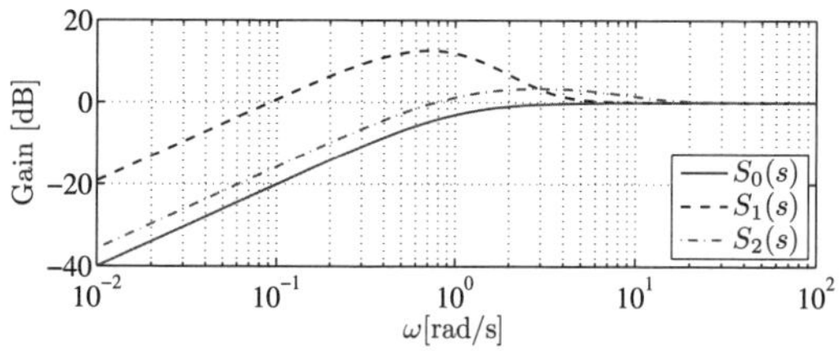

図 8.10　感度関数 $S_0(s)$，$S_1(s)$ および $S_2(s)$ のゲイン線図

避した．図 8.8(a) より (8.39) 式の一巡伝達関数 $L_0(s)$ は円条件を満足し安定余裕の大きいものであることがわかる．また，図 8.8(b) および図 8.8(c) より (8.40) 式の一巡伝達関数 $L_1(s)$ および (8.41) 式の一巡伝達関数 $L_2(s)$ では安定余裕 SM が，それぞれ，$0.24(< 0.5)$ および $0.68(> 0.5)$ 程度であることがわかる．

図 8.9 は，一巡伝達関数 $L_0(s)$，$L_1(s)$ および $L_2(s)$ のボード線図で，図 8.10 は，一巡伝達関数 $L_0(s)$，$L_1(s)$ および $L_2(s)$ のそれぞれに対応する感度関数 $S_0(s)$，$S_1(s)$ および $S_2(s)$ のゲイン線図である．位相交差周波数において一巡伝達関数のナイキスト軌跡が左半面で実軸と交差するので，位相交差周波数における一巡伝達関数の周波数応答の絶対値より，臨界点までの距離がわかる．したがって，図 8.9 より一巡伝達関数 $L_0(s)$ は一つの位相交差周波数，一巡伝達関数 $L_1(s)$ および $L_2(s)$ は二つの位相交差周波数をもち，それぞれの位相交差周波数における一巡伝達関数の周波数応答の絶対値がもっとも 1(0[dB]) に近いのは $L_1(s)$，つぎに $L_2(s)$，もっとも遠いのが $L_0(s)$ であることがわかる．また，図 8.8 より $L_1(s)$

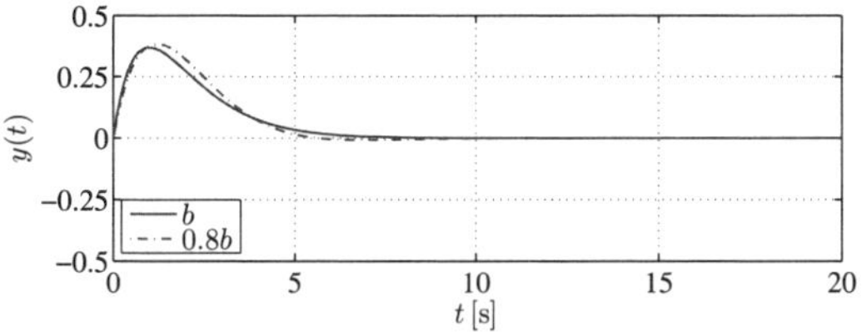

図 8.11 状態フィードバック制御系のインパルス応答

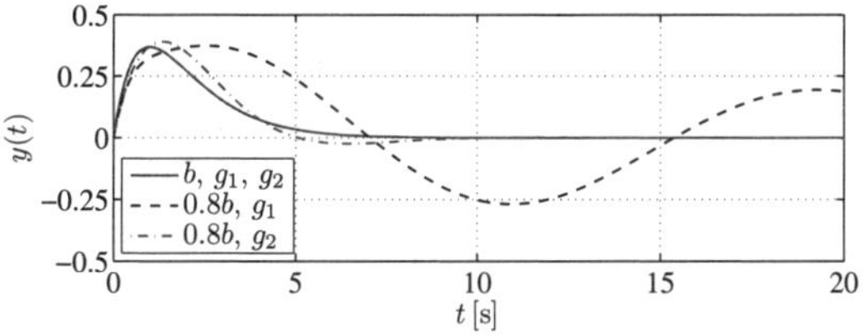

図 8.12 オブザーバを用いた状態フィードバック系のインパルス応答

および $L_2(s)$ で，それぞれ，$\mathrm{SM} = 0.24$ および $\mathrm{SM} = 0.68$ であるが，図 8.10 からも，$L_1(s)$ および $L_2(s)$ のそれぞれ対応する $S_1(s)$ および $S_2(s)$ で，それぞれ，$M_S \geq 20\log(1/0.24) = 12.4\,\mathrm{dB}$ 程度および $M_S \geq 20\log(1/0.68) = 3.3[\mathrm{dB}]$ 程度となっていることが確認できる．また，$L_0(\mathrm{s})$ では図 8.8 より $\mathrm{SM} = 1$ であるので，図 8.10 からも $M_S = 20\log 1 = 0[\mathrm{dB}]$ となっていることが確認できる．

ところで，安定余裕が十分でない場合は，システムのパラメータが変動した場合に制御系が不安定となる場合がある．図 8.7 の閉ループ系において $\boldsymbol{b}$ のみが $0.8\boldsymbol{b}$ に変動したとき，$v(t)$ として単位インパルス関数を入力したときの閉ループ系の出力 $y(t)$ の応答により，システムのパラメータの変動の影響を見てみよう．

まず，円条件を満足し十分な安定余裕をもつ，(8.39) 式の一巡伝達関数をもつ直接状態フィードバック制御系のインパルス応答を図 8.11 に示す．図 8.11 では $\boldsymbol{b}$ の変動前と変動後の $y(t)$ の応答を示している．この場合は円条件を満足する十分な安定余裕をもつため，出力 $y(t)$ の応答は $\boldsymbol{b}$ の変動の影響をほとんど受けないことがわかる．

図 8.12 は $\boldsymbol{b}$ の変動前と変動後のオブザーバゲイン $\boldsymbol{g}_1$ および $\boldsymbol{g}_2$ のオブザーバを用いた状態フィードバック系の出力 $y(t)$ の応答を示している．いずれのオブザーバゲインの場合にも，$\boldsymbol{b}$ の変動前の $y(t)$ の応答は図 8.11 に示した直接状態フィードバックの応答と同じであることがわかる．しかし，$\boldsymbol{b}$ が $0.8\boldsymbol{b}$ へ変動す

ると，オブザーバゲイン $\boldsymbol{g}_1$ の閉ループ系では十分な安定余裕をもたないので，y の応答が振動的になっていることがわかる．一方，十分な安定余裕をもつ，オブザーバゲイン $\boldsymbol{g}_2$ の閉ループ系の出力 $y(t)$ の応答は $\boldsymbol{b}$ の変動の影響が小さいことがわかる．

演 習 問 題

問題 8.1. (8.29) 式の $L_2(s)$ ナイキスト軌跡が図 8.4(b) となることを確認しなさい．

問題 8.2. (8.39) 式の一巡伝達関数をもつ閉ループ系が安定であることをナイキストの安定判別法により確認しなさい．

問題 8.3. 状態フィードバック制御系における入力 v から出力 y までの伝達関数がオブザーバの使用の有無で変わらないことを示しなさい．

問題 8.4. 図 8.9 に示す (8.40) 式の一巡伝達関数 $L_1(s)$ のボード線図を用いて，制御対象の入力行列 $\boldsymbol{b}$ の変動により，閉ループ系が不安定化する理由を説明しなさい．

問題 8.5. 下図のオブザーバを使用したサーボ系の一巡伝達関数 $L(s)$ を求めなさい．

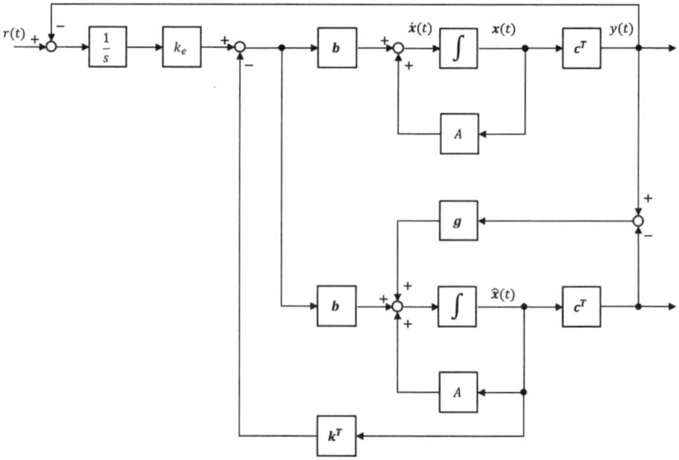

図 8.13 オブザーバを用いたサーボ系のブロック線図

9 実システムの制御実験

本章では，前章まで学習してきた制御理論を活用し，実験装置を用いて制御対象からモデリングおよび状態空間表現の方法，極配置法およびLQ最適制御法を用いて状態フィードバックゲインを設計する方法を解説する．また，極配置法およびLQ最適制御法の設計の仕方による制御性能の比較についても簡単に説明する．

9.1 実験装置の概要

本章では，図9.1に示すボール＆ビームの実験装置を制御対象とし，モデリングから制御実験までの流れを説明する．表9.1に，この実験装置のパラメータを示す．

このボール＆ビームは，減速装置付きのDCモータを駆動することでビームの

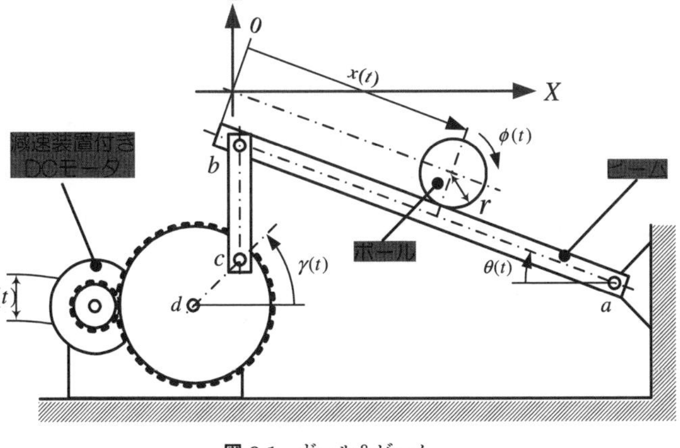

図 9.1 ボール＆ビーム

表 9.1 実験装置のパラメータ

パラメータ	記号	単位
入力電圧	$e(t)$	V
減速装置のトルク	$T_m(t)$	N·m
モータの電機子電流	$i(t)$	A
モータの電機子抵抗	R	Ω
モータの電機子インダクタンス	L	H
モータのトルク定数	K_t	N·m/A
モータの逆起電力係数	K_m	V·s/rad
モータの慣性モーメント（減速装置の特性も含む）	I_m	kg·m^2
モータの粘性摩擦係数（減速装置の特性も含む）	μ	N·m·s
減速装置の回転角	$\gamma(t)$	rad
減速装置のギアの半径（cd 間）	l_{cd}	m
ビームの傾き角	$\theta(t)$	rad
ビームの長さ（ab 間）	l_{ab}	m
ボールの質量	m	kg
ボールの慣性モーメント	I_b	kg·m^2
ボールの半径	r	m
ボールの位置	$x(t)$	m
連節の長さ（bc 間）	l_{cd}	m
重力加速度	g	m/s^2

傾き角を変化させることができる．このビームの傾き角により，ビーム上にあるボールの位置を変化させることができる．減速装置の回転軸の角度は，ポテンショメータにより計測し，ボールの位置は，赤外線による距離センサにより計測する．

制御目的は，DC モータの電圧 $e(t)$ を入力し，ボールの位置 $x(t)$ を制御することである．

9.2 モデリング

つぎの仮定に基づいて，図 9.1 の制御対象のモデリングを行う．

- ビーム，ボールおよび連節は剛体
- 空気抵抗，摩擦は無視
- ビームは DC モータの電圧（速度）により駆動
- ビームの傾き角および減速装置の回転角は微小

9.2.1 入力電圧と減速装置の回転角の微分方程式

図 9.2 に減速装置付きの DC モータの概略図を示す．

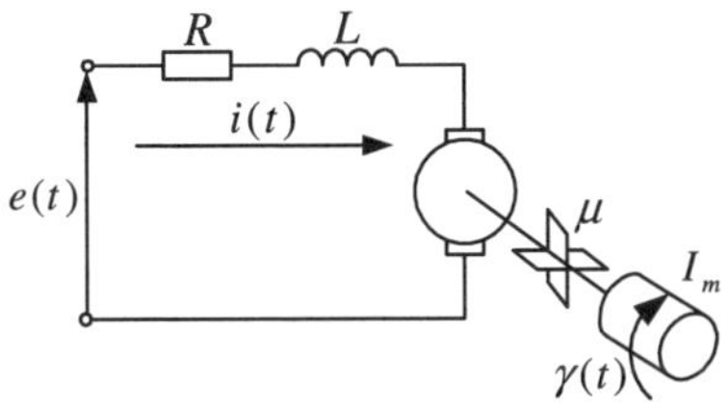

図 9.2 減速装置付きの DC モータの概略図

この回路に電流 $i(t)$ が流れると，これに比例したモータトルク $T_m(t)$ は次式となる．

$$T_m(t) = K_t i(t) \tag{9.1}$$

また，このモータトルクが加わったときの減速装置の運動方程式は次式となる．

$$T_m(t) = I_m \ddot{\gamma}(t) + \mu \dot{\gamma}(t) \tag{9.2}$$

一方，入力電圧 $e(t)$ とモータの電機子抵抗およびコイルの電圧降下，逆起電力の関係を微分方程式で示すと次式となる．

$$Ri(t) + L\dot{i}(t) + K_m \dot{\gamma}(t) = e(t) \tag{9.3}$$

(9.2) 式および (9.3) 式より，入力電圧 $e(t)$ と $\gamma(t)$ の関係式を示す微分方程式を導出すると次式となる．ただし，応答速度が十分速いと仮定し，$L \simeq 0$ としている．

$$I_m R \ddot{\gamma}(t) + (\mu R + K_t K_m) \dot{\gamma}(t) = K_t e(t) \tag{9.4}$$

9.2.2 減速装置の回転角とボールの位置の運動方程式

図 9.1 中の減速装置の回転角 $\gamma(t)$ とビームの傾き角 $\theta(t)$ の関係式を導出する．減速装置の回転軸の角度 $\gamma(t)$ が（微小）変化した場合，図 9.1 中の点 c は上下方向に次式で与えられる $y(t)$ だけ変化する．

$$y(t) = l_{cd} \gamma(t) \tag{9.5}$$

また，連節（cb）でつながっているビームの点 b も上下方向に $y(t)$ だけ変化するので，ビームの傾き角を $\theta(t)$ とするとき，次式の関係が成り立つ．

$$y(t) = l_{ab} \theta(t) \tag{9.6}$$

以上の関係より，$\gamma(t)$ から $\theta(t)$ までの関係は次式となる．

$$\theta(t) = \frac{l_{cd}}{l_{ab}}\gamma(t) \tag{9.7}$$

次に，図 9.1 中のビームの傾き角 $\theta(t)$ とボールの位置 $x(t)$ の運動方程式を導出する．X 軸および Z 軸を基準としたボールの質点の位置を導出すると次式となる．

$$X_m(t) = x(t)\cos\theta(t) \tag{9.8}$$

$$Z_m(t) = -x(t)\sin\theta(t) \tag{9.9}$$

また，ボールの位置を時間 t で微分して速度を導出すると次式となる．

$$\dot{X}_m(t) = \dot{x}(t)\cos\theta(t) - x(t)\dot{\theta}(t)\sin\theta(t) \tag{9.10}$$

$$\dot{Z}_m(t) = -\dot{x}(t)\sin\theta(t) - x(t)\dot{\theta}(t)\cos\theta(t) \tag{9.11}$$

これらのボールの位置および速度を用いて，ラグランジュの運動方程式（付録 D 参照）により運動方程式を導出すると次式となる．

$$\left(m + \frac{I_b}{r^2}\right)\ddot{x}(t) - mx(t)\dot{\theta}^2(t) - mg\sin\theta(t) = 0 \tag{9.12}$$

ここで，ボールの慣性モーメント $I_b = \frac{2}{3}mr^2$ を代入すると，(9.12) 式は次式となる．

$$\frac{5}{3}\ddot{x}(t) - x(t)\dot{\theta}^2(t) - g\sin\theta(t) = 0 \tag{9.13}$$

(9.13) 式を以下の仮定において線形化すると式 (9.14) となる．

- ビームの傾き角は微小
- ビームの傾き角速度は微小（傾き角速度の 2 乗は 0）

$$\frac{5}{3}\ddot{x}(t) - g\theta(t) = 0 \tag{9.14}$$

以上より，(9.7) 式および (9.14) 式より，減速装置の回転角 $\gamma(t)$ とボールの位置 $x(t)$ の関係を示す運動方程式は次式となる．

$$\ddot{x}(t) = \frac{3}{5}\frac{l_{cd}}{l_{ab}}g\gamma(t) \tag{9.15}$$

9.2.3 状態方程式

(9.4), (9.15) 式より，状態ベクトル $\boldsymbol{x}(t)$ を

$$\boldsymbol{x}(t) = \begin{bmatrix} x(t) & \dot{x}(t) & \gamma(t) & \dot{\gamma}(t) \end{bmatrix}^T \tag{9.16}$$

と定義するとき，つぎの状態方程式および出力方程式が得られる．

$$\dot{\boldsymbol{x}}(t) = A\boldsymbol{x}(t) + \boldsymbol{b}u(t) \tag{9.17}$$

$$y(t) = \boldsymbol{c}^T \boldsymbol{x}(t) \tag{9.18}$$

ここに，

$$u(t) = e(t) \tag{9.19}$$

$$y(t) = x(t) \tag{9.20}$$

各行列およびベクトルは以下のとおりである．

$$A = \begin{bmatrix} 0 & 1 & 0 & 0 \\ 0 & 0 & \frac{3}{5}\frac{l_{cd}}{l_{ab}}g & 0 \\ 0 & 0 & 0 & 1 \\ 0 & 0 & 0 & -\frac{\mu R + K_t K_m}{I_m R} \end{bmatrix} \tag{9.21}$$

$$\boldsymbol{b} = \begin{bmatrix} 0 & 0 & 0 & \frac{K_t}{I_m R} \end{bmatrix}^T \tag{9.22}$$

$$\boldsymbol{c} = \begin{bmatrix} 1 & 0 & 0 & 0 \end{bmatrix}^T \tag{9.23}$$

なお，上記のシステムは可制御・可観測となっている．

9.3 制　御　実　験

9.3.1 極　配　置

制御対象が可制御であるので，状態フィードバックによって安定な制御系が設計できる．ここでは，ボール＆ビームの制御方法として極配置法による状態フィードバック制御系を設計する．

状態フィードバック制御則を次式で与える．

$$u(t) = -\boldsymbol{k}^T \boldsymbol{x}(t) \tag{9.24}$$

ここで，フィードバックゲイン $\boldsymbol{k}$ は次式となる．

$$\boldsymbol{k} = \begin{bmatrix} k_1 & k_2 & k_3 & k_4 \end{bmatrix}^T \tag{9.25}$$

(9.17) 式の状態方程式で表現される制御対象に，(9.24) 式の状態フィードバック制御により構成される閉ループ系の極は，$A - \boldsymbol{b}\boldsymbol{k}^T$ の固有値として与えられる．このとき，すべての固有値が複素平面の左半平面に存在することが安定であることの必要十分条件である．

よって，$\det(s\boldsymbol{I}-(A-\boldsymbol{b}\boldsymbol{k}^T))=0$ の極が状態フィードバック制御系の特性を与えることになるため，適切な極を配置して，(9.25) 式のフィードバックゲインを求める．

極を指定した設計多項式を次式とする．

$$(s-p_1)(s-p_2)(s-p_3)(s-p_4)=0 \tag{9.26}$$

ここで，p_1,p_2,p_3 および p_4 は指定する極である．扱う制御対象の状態方程式が 4 次であるため，極は 4 つ指定する．

閉ループ系の特性方程式と (9.26) 式を係数比較し，(9.25) 式のそれぞれのフィードバックゲインを求めると次式となる．

$$k_1=\frac{p_1p_2p_3p_4}{ac} \tag{9.27}$$

$$k_2=-\frac{p_1p_2p_3+p_1p_2p_4+p_1p_3p_4+p_2p_3p_4}{ac} \tag{9.28}$$

$$k_3=\frac{p_1p_2+p_1p_3+p_1p_4+p_2p_3+p_2p_4+p_3p_4}{c} \tag{9.29}$$

$$k_4=\frac{b-p_1-p_2-p_3-p_4}{c} \tag{9.30}$$

ここで，a，b および c は以下のとおりである．

$$a=\frac{3}{5}\frac{l_{cd}}{l_{ab}}g \tag{9.31}$$

$$b=-\frac{\mu R+K_tK_m}{I_mR} \tag{9.32}$$

$$c=\frac{K_t}{I_mR} \tag{9.33}$$

また，(9.31) 式の l_{ab}，l_{cd} および b，c に関しては，具体的な実験装置の値を代入するとつぎのようになる．

$$l_{ab}=0.15[\mathrm{m}] \tag{9.34}$$

$$l_{cd}=0.021[\mathrm{m}] \tag{9.35}$$

$$b=-7.5979 \tag{9.36}$$

$$c=1785.1 \tag{9.37}$$

ここで，b および c は制御対象のシステムパラメータであり，予備実験によりパ

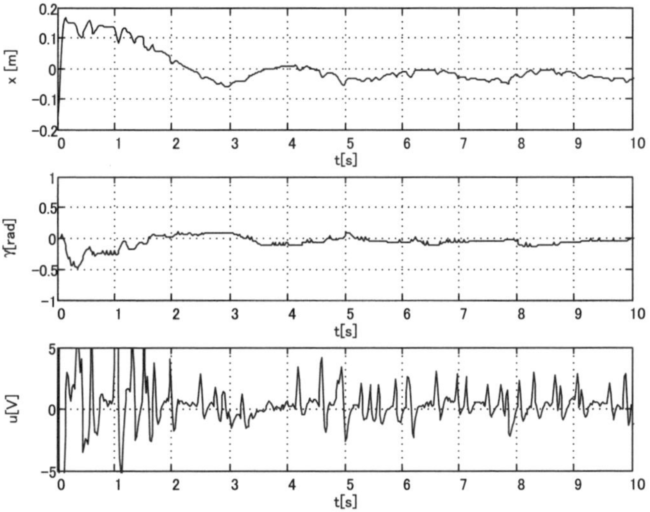

図 9.3　極配置による制御結果 (1)

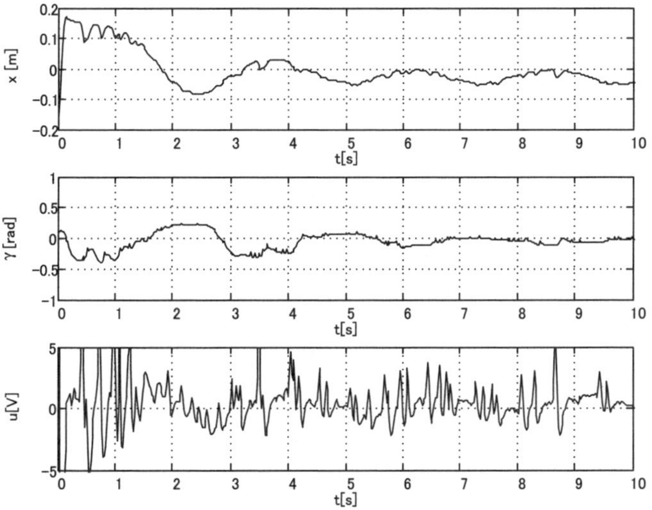

図 9.4　極配置による制御結果 (2)

ラメータ同定して求めた.

(9.26) 式の指定極を以下のように与えた場合の制御結果を図 9.3 に示す.

$$p_1 = p_2 = p_3 = p_4 = -2 \tag{9.38}$$

また，極を以下のように指定した場合の制御結果を図 9.4 に示す．

$$p_1 = p_2 = -2 + 0.9i, \quad p_3 = p_4 = -2 - 0.9i \tag{9.39}$$

(9.38), (9.39) 式の極の違いは，虚数 $\pm 0.9i$ のあるなしである．図 9.4 は，図 9.3 に比べ，虚数のある極を指定していることから振動的になっていることがわかる．

9.3.2 LQ 最適制御

つぎに，LQ 最適制御法を用いてボール＆ビームの制御を行う．本手法は，制御量 $x(t)$ と $\gamma(t)$ と操作量 $u(t)$ の二乗積分誤差面積を最小にするため，操作量および制御量に掛る重みを指定することでそれぞれの応答を個別に指定することができる利点がある． [▶ p.68]

実験装置であるボール＆ビームの二次形式評価関数 J は以下のように設定する．

$$J = \int_0^\infty \boldsymbol{x}(t)^T Q \boldsymbol{x}(t) + ru^2(t)dt \tag{9.40}$$

状態フィードバックゲイン，およびリカッチ方程式はそれぞれつぎのとおりとなる．

$$\boldsymbol{k}^T = \frac{1}{r}\boldsymbol{b}^T P \tag{9.41}$$

$$PA + A^T P - \frac{1}{r} P \boldsymbol{b}\boldsymbol{b}^T P + Q = 0 \tag{9.42}$$

(9.42) 式の Q および r を以下に指定し，制御した結果を図 9.5 に示す．

$$Q = \begin{bmatrix} 6000 & 0 & 0 & 0 \\ 0 & 30 & 0 & 0 \\ 0 & 0 & 360 & 0 \\ 0 & 0 & 0 & 15 \end{bmatrix} \tag{9.43}$$

$$r = 100 \tag{9.44}$$

また，Q は (9.43) 式と同様で，r を以下に指定し，制御した結果を図 9.6 に示す．

$$r = 10 \tag{9.45}$$

さらに，Q を以下とし r を (9.44) 式と同様に指定し，制御した結果を図 9.7 に示す．

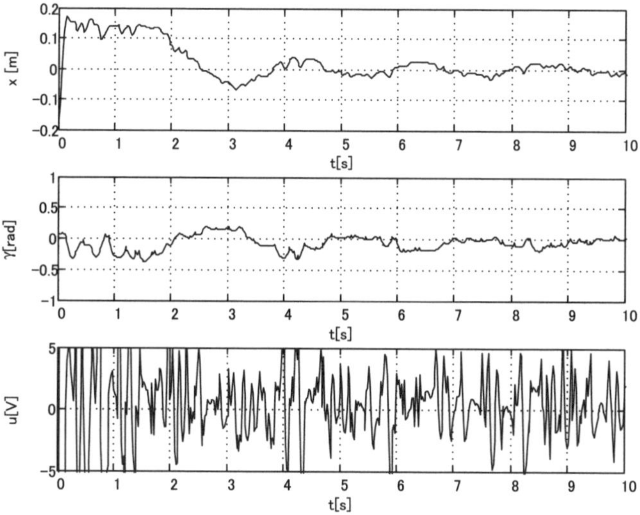

図 9.5 最適制御による制御結果 (1)

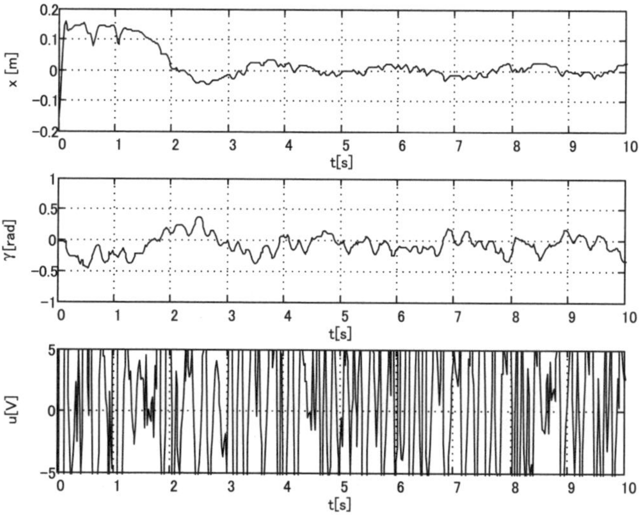

図 9.6 最適制御による制御結果 (2)

$$Q = \begin{bmatrix} 3000 & 0 & 0 & 0 \\ 0 & 15 & 0 & 0 \\ 0 & 0 & 180 & 0 \\ 0 & 0 & 0 & 7.5 \end{bmatrix} \tag{9.46}$$

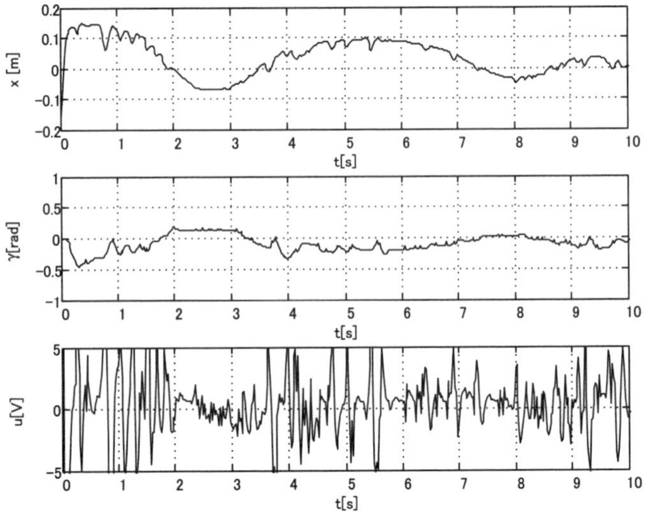

図 9.7　最適制御による制御結果 (3)

これら 3 種類の Q および r を設定しているが，状態量 $x(t)$, $\gamma(t)$ および操作量 $u(t)$ のパラメータの大きさに注意して設定を行う必要がある．例えば，状態量に着目すると $x(t)$ の単位は m であり，$\gamma(t)$ の単位は rad であることから，$x(t)$ のパラメータの方が小さくなっていることがわかる．このことから，Q の要素のパラメータは，$x(t)$ および $\dot{x}(t)$ の方が $\gamma(t)$ および $\dot{\gamma}(t)$ より大きく設定している．

図 9.5 と図 9.6 を比較すると，制御量である $x(t)$ および $\gamma(t)$ に違いは見られないが，操作量 $u(t)$ は図 9.6 の方が振動的になっていることがわかる．これは，図 9.6 の r が，図 9.5 のものより小さくしているため，操作量 $u(t)$ の動作の制約が緩くなっているからである．

また，図 9.5 と図 9.7 を比較すると，操作量 $u(t)$ に違いはあまり見られないが，状態量である $x(t)$ および $\gamma(t)$ は図 9.7 の方が制御性能が劣っていることがわかる．これは，図 9.7 の Q の各要素の値が，図 9.5 のものより小さくしているため，状態量である $x(t)$ および $\gamma(t)$ の挙動が大きくなっているからである．

A 数学的基礎

A.1 行列とベクトル

A.1.1 行列とベクトルの定義

mn 個の定数や変数および数式などを n 行 m 列に，つぎのように配列したものを $n\times m$ **行列**という．

$$A = \begin{bmatrix} a_{11} & a_{12} & \cdots & a_{1m} \\ a_{21} & a_{22} & \cdots & a_{2m} \\ \vdots & \vdots & \ddots & \vdots \\ a_{n1} & a_{n2} & \cdots & a_{nm} \end{bmatrix} \tag{A.1}$$

i 行 j 列の値 a_{ij} を行列の (i,j) 要素といい，簡単に $A=[a_{ij}]$ と表すこともある．また，特に，$m=1$ のときの $n\times 1$ 行列：

$$\boldsymbol{a} = \begin{bmatrix} a_1 \\ a_2 \\ \vdots \\ a_n \end{bmatrix} \tag{A.2}$$

を n 次の**列（縦）ベクトル**，または単に n 次元ベクトルという．$n=1$ のときの $1\times m$ 行列：

$$\boldsymbol{b} = [b_1, b_2, \cdots, b_m] \tag{A.3}$$

は m 次の**行（横）ベクトル**である．基本的にベクトル $\boldsymbol{a}$ は列ベクトルを表すものとし，行ベクトルは列ベクトルの転置ベクトルとして $\boldsymbol{a}^T$ と表すものとする．

なお，行列の要素が実数（または複素数）であるとき，$n\times m$ 行列 A は，$A\in\boldsymbol{R}^{n\times m}$（または $A\in\boldsymbol{C}^{n\times m}$）と表される．

A.1.2　いろいろな行列

(1) 転置行列

(A.1) 式の行列 $A \in \boldsymbol{R}^{n \times m}$ において，行と列を入れ換えて得られた行列：

$$A^T = \begin{bmatrix} a_{11} & a_{21} & \cdots & a_{n1} \\ a_{12} & a_{22} & \cdots & a_{n2} \\ \vdots & \vdots & \ddots & \vdots \\ a_{1m} & a_{2m} & \cdots & a_{nm} \end{bmatrix} \tag{A.4}$$

を**転置行列**と呼び，A^T で表す．$A \in \boldsymbol{C}^{n \times m}$ のとき，$A^* = \bar{A}^T$ は**共役転置行列**を表す．

(2) 正方行列

$n = m$ である行列 A を**正方行列**という．

(3) 対称行列

$A \in \boldsymbol{R}^{n \times n}$ に対して，$A = A^T$ であるとき，A を**対称行列**という．

(4) エルミート行列

$A \in \boldsymbol{C}^{n \times n}$ のとき，$A = A^*$ ならば，A は**エルミート行列**と呼ばれる．

(5) ひずみ対称行列

$A \in \boldsymbol{R}^{n \times n}$ に対して，$A = -A^T$ であるとき，A を**ひずみ対称行列**という．

(6) ひずみエルミート行列

$A \in \boldsymbol{C}^{n \times n}$ のとき，$A = -A^*$ ならば，A は**ひずみエルミート行列**と呼ばれる．

(7) 対角行列

正方行列 $A = [a_{ij}]$ において，$a_{ij} = 0, i \neq j$ であるとき，A は**対角行列**と呼ばれ，$A = \mathrm{diag}[a_{11}, a_{22}, \cdots, a_{nn}]$ と表される．

(8) 単位行列

$I = \mathrm{diag}[1, 1, 1, \cdots, 1]$ を**単位行列**と呼ぶ．明らかに $IA = AI = A$ である．

(9) 零行列

すべての要素 a_{ij} が $a_{ij} = 0$ であるとき，$A = [a_{ij}]$ を**零行列**と呼ぶ．

(10) 正規行列

$A \in \boldsymbol{C}^{n \times n}$ に対して，$AA^* = A^*A$ が成り立つとき，A を**正規行列**と呼ぶ．明らかに，$A \in \boldsymbol{R}^{n \times n}$ のとき，$AA^T = A^TA$ が成り立つ行列 A は正規行列である．

(11) 直交行列

$A \in \boldsymbol{R}^{n \times n}$ に対して，$AA^T = A^TA = I$ が成り立つとき，A を**直交行列**と呼ぶ．$A \in \boldsymbol{C}^{n \times n}$ で，$AA^* = A^*A = I$ が成り立つときは，A は**ユニタリ行列**と呼ばれる．

(12) 逆行列

$A \in \boldsymbol{R}^{n \times n}$ に対して，$AA^{-1} = A^{-1}A = I$ となる行列 A^{-1} を行列 A の**逆行列**

と呼び，A^{-1} で表す．

(13) **正則行列**

$A \in \boldsymbol{R}^{n\times n}$ に対して，逆行列 A^{-1} が存在するとき，A は**正則行列**と呼ばれる．行列 A が正則であるための必要十分条件は，$\det A \neq 0$ となることである．($\det A$ は A の行列式である：A.4 節参照)

A.2 ベクトルと行列のノルム

A.2.1 ベクトルノルム

実数や複素数などのスカラー値 x の大きさは，絶対値 $|x|$ により評価される．この概念をベクトル空間にまで拡張したものが**ノルム**であり，ベクトルの "大きさ" をあるスカラー量で評価するものである．

n 次元ベクトル $\boldsymbol{x} \in \boldsymbol{F}^n$ $(\boldsymbol{F} = \boldsymbol{R}, \boldsymbol{C})$ を考えよう．このとき，ベクトル $\boldsymbol{x}$ のノルムはつぎのように定義される．

定義 A.1 (ベクトルノルム)**.** あるベクトル $\boldsymbol{x} \in \boldsymbol{F}^n$ に対し，常に実数値をとり，つぎの性質をもつ関数 $\|\cdot\|$ を**ベクトルノルム**という．

(1) $\boldsymbol{x} \neq \boldsymbol{0}$ のとき $\|\boldsymbol{x}\| > 0$ であり，$\boldsymbol{x} = \boldsymbol{0}$ のときは $\|\boldsymbol{x}\| = 0$ となる．

(2) 任意のベクトル $\boldsymbol{x}$ およびスカラー α に対し，

$$\|\alpha\boldsymbol{x}\| = |\alpha|\|\boldsymbol{x}\|$$

(3) 任意のベクトル $\boldsymbol{x}$ および $\boldsymbol{y}$ に対し，三角不等式

$$\|\boldsymbol{x}+\boldsymbol{y}\| \leq \|\boldsymbol{x}\| + \|\boldsymbol{y}\|$$

が成立する．

例えば，上記の定義を満足するベクトルノルムには，つぎのようなものがある．

$\boldsymbol{x} = [x_1,\ x_2,\ \ldots,\ x_n]^T \in \boldsymbol{F}^n$ に対し，

$$\|\boldsymbol{x}\|_1 = |x_1| + |x_2| + \cdots + |x_n| \tag{A.5}$$

$$\|\boldsymbol{x}\|_2 = (|x_1|^2 + |x_2|^2 + \cdots + |x_n|^2)^{1/2} \tag{A.6}$$

$$\|\boldsymbol{x}\|_p = (|x_1|^p + |x_2|^p + \cdots + |x_n|^p)^{1/p} \tag{A.7}$$

$$\|\boldsymbol{x}\|_\infty = \max_i |x_i| \tag{A.8}$$

特に $\|\boldsymbol{x}\|_2$ は，**ユークリッドノルム** (Euclidean norm) と呼ばれ，最も一般的に用い

られるノルムであり，多くの場合，ノルムを単に $\|\cdot\|$ と表すときは，このユークリッドノルムを示している．

例題 A.1. $\boldsymbol{x} = [x_1, x_2, \ldots, x_n]^T \in \boldsymbol{R}$ のとき，$\|\boldsymbol{x}\| = (\boldsymbol{x}^T\boldsymbol{x})^{1/2}$（ユークリッドノルム）がノルムの条件を満足することを示しなさい．

解）条件 (1) および (2) を満足することは明らかである．よって，条件 (3) が成立ことを示す．

いま，任意のベクトル $\boldsymbol{x} \in \boldsymbol{R}$, $\boldsymbol{y} \in \boldsymbol{R}$ およびスカラー α に対して，

$$(\boldsymbol{x} - \alpha\boldsymbol{y})^T(\boldsymbol{x} - \alpha\boldsymbol{y}) = \|\boldsymbol{x}\|^2 - 2\alpha\boldsymbol{x}^T\boldsymbol{y} + \alpha^2\|\boldsymbol{y}\|^2 \geq 0$$

が成り立つ．よって，$\alpha = \boldsymbol{x}^T\boldsymbol{y}/\|\boldsymbol{y}\|^2$ とおくと

$$\boldsymbol{x}^T\boldsymbol{y} \leq \|\boldsymbol{x}\|\|\boldsymbol{y}\| \quad \text{（シュワルツの不等式）}$$

が得られる．これより，

$$\|\boldsymbol{x} + \boldsymbol{y}\|^2 = \|\boldsymbol{x}\|^2 + 2(\boldsymbol{x}^T\boldsymbol{y}) + \|\boldsymbol{y}\|^2 \leq (\|\boldsymbol{x}\| + \|\boldsymbol{y}\|)^2$$

と評価でき，条件 (3) が満足されることがわかる．

A.2.2 行列ノルム

$n \times n$ 行列 $A \in \boldsymbol{F}^{n\times n}$ $(\boldsymbol{F} = \boldsymbol{R}, \boldsymbol{C})$ に対し，行列のノルム（行列ノルム）は，つぎのように定義される．

定義 A.2 (行列ノルム)**.** ある $n \times n$ 行列 $A \in \boldsymbol{F}^{n\times n}$ に対し，常に実数値をとり，つぎの性質をもつ関数 $\|\cdot\|$ を**行列ノルム**という．

(1) $A \neq 0_{n\times n}$ のとき $\|A\| > 0$ であり，$A = 0_{n\times n}$ のときは $\|A\| = 0$.

(2) 任意の行列 $A \in \boldsymbol{F}^{n\times n}$ およびスカラー α に対し，

$$\|\alpha A\| = |\alpha|\|A\|$$

が成立する．

(3) 任意の行列 $A \in \boldsymbol{F}^{n\times n}$ および $B \in \boldsymbol{F}^{n\times n}$ に対し，三角不等式

$$\|A + B\| \leq \|A\| + \|B\|$$

が成立する．

(4) 任意の行列 $A \in \boldsymbol{F}^{n\times n}$ および $B \in \boldsymbol{F}^{n\times n}$ に対し，

$$\|AB\| \leq \|A\|\|B\|$$

が成立する．

上記の条件を満足する行列ノルムは，例えばベクトルノルムから導かれたノルム（induced norm）として，つぎのように与えることができる．

$$\|A\| = \sup_{\boldsymbol{x}\neq\boldsymbol{0}} \frac{\|A\boldsymbol{x}\|}{\|\boldsymbol{x}\|} = \sup_{\|\boldsymbol{x}\|=1} \|A\boldsymbol{x}\| \tag{A.9}$$

この場合，$\|\boldsymbol{x}\|_1$，$\|\boldsymbol{x}\|_2$ および $\|\boldsymbol{x}\|_\infty$ から導かれたノルムはそれぞれ，

(1) $\|\boldsymbol{x}\|_1$ から導かれたノルム：

$$\|A\|_1 = \sup_j \sum_{i=1}^{n} |a_{ij}|$$

(2) $\|\boldsymbol{x}\|_2$ から導かれたノルム：

$$\|A\|_2 = [\lambda_{\max}(A^*A)]^{1/2}$$

ここに，A^* は A の共役転置行列であり，$\lambda_{\max}(A^*A)$ は，エルミート行列 A^*A の最大固有値である．この行列ノルムは，ユークリッドノルムである．

(3) $\|\boldsymbol{x}\|_\infty$ から導かれたノルム：

$$\|A\|_\infty = \sup_i \sum_{j=1}^{n} |a_{ij}|$$

となる．このベクトルノルムから導かれた行列ノルムを用いると

$$\|A\boldsymbol{x}\| \leq \|A\|\|\boldsymbol{x}\| \tag{A.10}$$

が成り立つ．

A.3 行 列 の 演 算

A.3.1 行列の和と積

いま，$A = [a_{ij}] \in \boldsymbol{R}^{n\times m}$，$B = [b_{ij}] \in \boldsymbol{R}^{n\times m}$ とするとき，行列 A，B の和：$C = A + B$ は，

$$C = [c_{ij}] = [a_{ij} + b_{ij}] \in \boldsymbol{R}^{n\times m} \tag{A.11}$$

と各要素の和で与えられる．また，行列 A のスカラー倍は，

$$\alpha A = [\alpha a_{ij}] \in \boldsymbol{R}^{n\times m} \tag{A.12}$$

と各要素の α 倍で与えられる．

行列の積 $C = AB$ は，A の列と B の行の数が等しいとき，すなわち，$A \in \boldsymbol{R}^{n\times p}$，$B \in \boldsymbol{R}^{p\times n}$ なるときのみ定義され，

$$C = [c_{ij}] = \left[\sum_{k=1}^{p} a_{ik}b_{kj}\right] \in \boldsymbol{R}^{n\times m} \tag{A.13}$$

で与えられる．

$A \in \boldsymbol{R}^{n \times n}$, $B \in \boldsymbol{R}^{n \times n}$ がともに正方行列のとき，$AB \in \boldsymbol{R}^{n \times n}$, $BA \in \boldsymbol{R}^{n \times n}$ も同じ $n \times n$ の正方行列となるが，一般に $AB = BA$ とはならない．$AB = BA$ が成立するとき，A と B は，**可換**であるという．

行列の加法，スカラー倍および積に関して，以下の法則が成り立つ．

(1) 加法

$$A + B = B + A$$
$$(A + B) + C = A + (B + C)$$

(2) スカラー倍

$$(\alpha + \beta)A = \alpha A + \beta A$$
$$\alpha(A + B) = \alpha A + \alpha B$$
$$(\alpha\beta)A = \alpha(\beta A)$$

(3) 積

$$(AB)C = A(BC)$$
$$A(B + C) = AB + AC$$
$$(A + B)C = AC + BC$$
$$\alpha(AB) = (\alpha A)B = A(\alpha B)$$

また，行列の転置に関する演算に関しては，つぎの性質が知られている．

(1) $(A^T)^T = A$

(2) $(A + B)^T = A^T + B^T$

(3) $(\alpha A)^T = \alpha A^T$

(4) $(AB)^T = B^T A^T$

A.3.2 行列の要素が時間関数のときの演算

$A(t) = [a_{ij}(t)] \in \boldsymbol{R}^{n \times m}$ とする．このとき，

(1) 微分

$$\frac{dA(t)}{dt} = \left[\frac{da_{ij}(t)}{dt}\right]$$
$$\frac{d}{dt}[A(t) + B(t)] = \frac{dA(t)}{dt} + \frac{dB(t)}{dt}$$
$$\frac{d}{dt}[A(t)B(t)] = \frac{dA(t)}{dt}B(t) + A(t)\frac{dB(t)}{dt}$$
$$\frac{d}{dt}[A(t)^{-1}] = -A(t)^{-1}\frac{dA(t)}{dt}A(t)^{-1}$$

(2) 積分

$$\int A(t)dt = [\int a_{ij}(t)dt]$$
$$\int [A(t) + B(t)]dt = \int A(t)dt + \int B(t)dt$$

(3) ラプラス変換

$$\mathcal{L}[A(t)] = [\mathcal{L}[a_{ij}(t)]]$$

で与えられる．

A. 3. 3　行列の行列による微分

行列 $A = [a_{ij}] \in \boldsymbol{R}^{n \times m}$ が，行列 $B = [b_{ij}] \in \boldsymbol{R}^{p \times q}$ の各要素 b_{ij} により微分可能であるとき，すなわち，行列 A が行列 B により微分可能であるとき，行列 A の行列 B による微分は，

$$\frac{dA}{dB} = \left[\frac{\partial A}{\partial b_{ij}}\right] = \begin{bmatrix} \dfrac{\partial A}{\partial b_{11}} & \dfrac{\partial A}{\partial b_{12}} & \cdots & \dfrac{\partial A}{\partial b_{1q}} \\ \vdots & \vdots & \vdots & \vdots \\ \dfrac{\partial A}{\partial b_{p1}} & \dfrac{\partial A}{\partial b_{p2}} & \cdots & \dfrac{\partial A}{\partial b_{pq}} \end{bmatrix} \tag{A.14}$$

と定義される．

$$\left(\frac{dA}{dB}\right)^T = \frac{dA^T}{dB^T} \tag{A.15}$$

である．また，$\boldsymbol{x} \in \boldsymbol{R}^n$, $\boldsymbol{y} \in \boldsymbol{R}^m$ とするとき，

$$\frac{d\boldsymbol{y}}{d\boldsymbol{x}^T} = \left[\frac{\partial \boldsymbol{y}}{\partial x_1}, \frac{\partial \boldsymbol{y}}{\partial x_2}, \cdots, \frac{\partial \boldsymbol{y}}{\partial x_n}\right] = \begin{bmatrix} \dfrac{\partial y_1}{\partial x_1} & \dfrac{\partial y_1}{\partial x_2} & \cdots & \dfrac{\partial y_1}{\partial x_n} \\ \vdots & \vdots & \vdots & \vdots \\ \dfrac{\partial y_m}{\partial x_1} & \dfrac{\partial y_m}{\partial x_2} & \cdots & \dfrac{\partial y_m}{\partial x_n} \end{bmatrix} \tag{A.16}$$

$$\frac{d\boldsymbol{y}^T}{d\boldsymbol{x}} = \left(\frac{d\boldsymbol{y}}{d\boldsymbol{x}^T}\right)^T \tag{A.17}$$

となる．さらに，y がスカラー，すなわち，$m = 1$ のときは，

$$\frac{dy}{d\boldsymbol{x}} = \begin{bmatrix} \dfrac{\partial y}{\partial x_1} \\ \vdots \\ \dfrac{\partial y}{\partial x_n} \end{bmatrix} \tag{A.18}$$

と与えられる．

A. 4　行列式と逆行列

A. 4. 1　行　　列　　式

$A = [a_{ij}] \in \boldsymbol{R}^{n \times n}$ なる正方行列とする．このとき，行列 A の**行列式**は，

$$\det A = |A| = \sum_{\{j_1,\cdots j_{nj}\}\in\{1,2,\cdots n\}} \varepsilon_{j_1,\cdots,j_n} a_{1j_1} a_{2j_2} \cdots a_{nj_n} \tag{A.19}$$

と定義される．ここに，$\sum_{\{j_1,\cdots,j_n\}\in\{1,2,\cdots n\}}$ は，$\{1, 2, \cdots, n\}$ から作られる $n!$ 個の順列のすべての組み合わせの和を表し，

$$\varepsilon_{j_1,\cdots,j_n} = \begin{cases} 1 & \{j_1,\cdots,j_n\} \text{ が偶順列} \\ -1 & \{j_1,\cdots,j_n\} \text{ が奇順列} \end{cases}$$

である．

このように定義される行列 A の行列式は，つぎのように求めることができる．

$$\det A = |A| = \begin{vmatrix} a_{11} & a_{12} & \cdots & a_{1n} \\ \vdots & \vdots & \vdots & \vdots \\ a_{n1} & a_{n2} & \cdots & a_{nn} \end{vmatrix} = \sum_{i=1}^{n} a_{ij} C_{ij} = \sum_{j=1}^{n} a_{ij} C_{ij} \tag{A.20}$$

ここに，C_{ij} は，行列 A の**余因子**であり，つぎのように定義される．

$$C_{ij} = (-1)^{i+j} |M_{ij}| \tag{A.21}$$

M_{ij} は，行列 A の i 行 j 列を取り除いた，$(n-1)\times(n-1)$ 行列である．

A.4.2 逆 行 列

行列 $A \in \boldsymbol{R}^{n\times n}$ の**逆行列**は，行列式を用い，つぎのように求めることができる．

$$A^{-1} = \frac{1}{\det A} \mathrm{adj}\, A \tag{A.22}$$

ここに，$\mathrm{adj}\, A$ は，行列 A の**余因子行列**であり，余因子 C_{ij} を用いて

$$\mathrm{adj}\, A = \begin{bmatrix} C_{11} & C_{21} & \cdots & C_{n1} \\ C_{12} & C_{22} & \cdots & C_{n2} \\ \vdots & \vdots & \vdots & \vdots \\ C_{1n} & C_{2n} & \cdots & C_{nn} \end{bmatrix} \tag{A.23}$$

と定義される．

A.5 連立方程式の解

いま，n 個の未知数 $\{x_1, x_2, \cdots, x_n\}$ に関する n 個の式から構成される連立一次方程式

$$\begin{aligned} a_{11}x_1 + a_{12}x_2 + \cdots + a_{1n}x_n &= b_1 \\ a_{21}x_1 + a_{22}x_2 + \cdots + a_{2n}x_n &= b_2 \\ &\vdots \\ a_{n1}x_1 + a_{n2}x_2 + \cdots + a_{nn}x_n &= b_n \end{aligned} \tag{A.24}$$

を考えよう．

$$\boldsymbol{x} = \begin{bmatrix} x_1 \\ x_2 \\ \vdots \\ x_n \end{bmatrix},\ A = \begin{bmatrix} a_{11} & a_{12} & \cdots & a_{1n} \\ a_{21} & a_{22} & \cdots & a_{2n} \\ \vdots & \vdots & \vdots & \vdots \\ a_{n1} & a_{n2} & \cdots & a_{nn} \end{bmatrix} \in \boldsymbol{R}^{n\times n},\ \boldsymbol{b} = \begin{bmatrix} b_1 \\ b_2 \\ \vdots \\ b_n \end{bmatrix}$$

とおくと，連立方程式 (A.24) は

$$A\boldsymbol{x} = \boldsymbol{b} \tag{A.25}$$

と表すことができる．

このとき，連立一次方程式の解は行列 A が正則 ($\det A \neq 0$) であれば，解は一意に定まり

$$\boldsymbol{x} = A^{-1}\boldsymbol{b} \tag{A.26}$$

と求まる．$\det A = 0$ (A が正則でない) の場合，すなわち，A が逆行列をもたないときは，

(1)

$$\mathrm{rank}[A, \boldsymbol{b}] = \mathrm{rank}[A] \qquad \text{なら解をもつ}$$

ただし，解は一意には定まらない．

(2)

$$\mathrm{rank}[A, \boldsymbol{b}] > \mathrm{rank}[A] \qquad \text{なら解は存在しない}$$

例えば，$c_1 \neq c_2$ のとき

$$\begin{aligned} ax_1 + bx_2 &= c_1 \\ ax_1 + bx_2 &= c_2 \end{aligned}$$

は明らかに解が存在しないが，$c_1 = c_2 = c$ であれば

$$ax_1 + bx_2 = c$$

を満足する解 x_1, x_2 は無数に存在する．なお，(A.24) 式において，$\boldsymbol{b} = \boldsymbol{0}$ のとき，すなわち，

$$A\boldsymbol{x} = \boldsymbol{0}$$

のとき，$\mathrm{rank}[A, \boldsymbol{0}] = \mathrm{rank}[A]$ より，解は常に存在する．$\boldsymbol{x} = \boldsymbol{0}$ は，当然解である．この自明である解を**自明な解**という．$\det A \neq 0$ のときは，自明な解しか存在しない．

$\det A = 0$ のときは，$\boldsymbol{x} = \boldsymbol{0}$ 以外の解が存在する．このような解を**自明でない解**と呼ぶ．

A.6 固有値と固有ベクトル

$n \times n$ 正方行列 A に対して

$$A\boldsymbol{x} = \lambda \boldsymbol{x} \tag{A.27}$$

を満足するスカラー λ を**固有値**，n 次ベクトル $\boldsymbol{x}$ を**固有ベクトル**という．

A.6.1 特 性 方 程 式

いま，(A.27) 式を変形すると

$$(\lambda I - A)\boldsymbol{x} = \boldsymbol{0} \tag{A.28}$$

が得られる．この方程式が自明でない解（$\boldsymbol{x} = \boldsymbol{0}$ 以外の解）をもつ必要十分条件は，

$$\det(\lambda I - A) = 0 \tag{A.29}$$

となることである．この λ に関する n 次の代数方程式を行列 A の**特性方程式**と呼ぶ．

A.6.2 固有値・固有ベクトル

上記の議論からわかるように，固有ベクトルが存在するためには，λ は，特性方程式 (A.29) を満足する値，すなわち，(A.29) 式の解でなければならない．この特性方程式 (A.29) の n 個の根（重根も含める）$\lambda_i (i = 1, 2, \cdots, n)$ を行列 A の固有値と呼ぶ．各固有値 λ_i に対して

$$A\boldsymbol{x}_i = \lambda_i \boldsymbol{x}_i \tag{A.30}$$

を満足する $\boldsymbol{x}_i$ を固有値 λ_i に対する固有ベクトルという．

A.6.3 ケーリー・ハミルトンの定理

$n \times n$ 正方行列 A の特性多項式がつぎのように表されるとする．

$$\psi(\lambda) := \det(\lambda I - A) = \lambda^n + a_{n-1}\lambda^{n-1} + \cdots + a_1 \lambda + a_0 \tag{A.31}$$

このとき，λ を A で置き換えた，行列多項式に関して

$$\psi(A) := A^n + a_{n-1}A^{n-1} + \cdots + a_1 A + a_0 I = 0 \tag{A.32}$$

が成り立つ．これが**ケーリー・ハミルトンの定理**である．ケーリー・ハミルトンの定理は，特性多項式が行列 A の零化多項式であることを意味している（ただし，最小次数の零化多項式とは限らない）．この定理より，任意の次数（収束する無限級数の場合も含

む）の A の行列多項式は，必ず $(n-1)$ 次以下の行列多項式として記述できることがわかる．

A.6.4 固有ベクトルの一次独立性

a. ベクトル空間

n 次のベクトルのある集合 $\boldsymbol{V}$ を考える．このとき，つぎの加法およびスカラー倍が定義できるとき，$\boldsymbol{V}$ を**ベクトル空間**と呼ぶ．

加法：

(1) 任意の $\boldsymbol{x}$, $\boldsymbol{y} \in \boldsymbol{V}$ に対して

$$\boldsymbol{x}+\boldsymbol{y}=\boldsymbol{y}+\boldsymbol{x} \in \boldsymbol{V}$$

(2) 任意の $\boldsymbol{x}$, $\boldsymbol{y}$, $\boldsymbol{z} \in \boldsymbol{V}$ に対して

$$(\boldsymbol{x}+\boldsymbol{y})+\boldsymbol{z}=\boldsymbol{x}+(\boldsymbol{y}+\boldsymbol{z})$$

(3) 任意の $\boldsymbol{x} \in \boldsymbol{V}$ に対して

$$\boldsymbol{x}+\boldsymbol{0}=\boldsymbol{0}+\boldsymbol{x}=\boldsymbol{x}$$

となる元 $\boldsymbol{0}$（零元）が存在する．

(4) 任意の $\boldsymbol{x} \in \boldsymbol{V}$ に対して

$$\boldsymbol{x}+(-\boldsymbol{x})=(-\boldsymbol{x})+\boldsymbol{x}=\boldsymbol{0}$$

となる元 $-\boldsymbol{x} \in \boldsymbol{V}$（逆元）が唯一に定まる．

スカラー倍：

(5) 任意の $\boldsymbol{x}$, $\boldsymbol{y} \in \boldsymbol{V}$ および任意のスカラー α に対して

$$\alpha(\boldsymbol{x}+\boldsymbol{y})=\alpha\boldsymbol{x}+\alpha\boldsymbol{y}$$

(6) 任意の $\boldsymbol{x} \in \boldsymbol{V}$ および任意のスカラー α, β に対して

$$(\alpha+\beta)\boldsymbol{x}=\alpha\boldsymbol{x}+\beta\boldsymbol{x}$$

(7) 任意の $\boldsymbol{x} \in \boldsymbol{V}$ および任意のスカラー α, β に対して

$$(\alpha\beta)\boldsymbol{x}=\alpha(\beta\boldsymbol{x})$$

(8) 任意の $\boldsymbol{x} \in \boldsymbol{V}$ に対して

$$1\boldsymbol{x}=\boldsymbol{x}$$

b. ベクトルの一次独立・一次従属

ベクトル空間 $\boldsymbol{V}$ の m 個の n 次ベクトル $\boldsymbol{x}_i (i=1,2,\cdots,m)$ を考えよう．このベクトルの任意のスカラー倍の結合：

$$c_1\boldsymbol{x}_1 + c_2\boldsymbol{x}_2 + \cdots + c_m\boldsymbol{x}_m \qquad \text{(A.33)}$$

をベクトルの**一次結合**（または**線形結合**）という．このとき，ベクトルの一次独立性（線形独立性）はつぎのように定義される．

定義 A.3 (一次独立・一次従属)**.** ベクトル空間 $\boldsymbol{V}$ の n 次ベクトル $\boldsymbol{x}_i$ の一次結合について

$$c_1\boldsymbol{x}_1 + c_2\boldsymbol{x}_2 + \cdots + c_m\boldsymbol{x}_m = \boldsymbol{0} \qquad \text{(A.34)}$$

ならば $c_1 = c_2 = \cdots = c_m = 0$ であるとき，ベクトル $\boldsymbol{x}_1, \boldsymbol{x}_2, \cdots, \boldsymbol{x}_m$ は**一次独立**であるという．また，そうでないとき，すなわち，少なくとも (A.34) 式を満足するゼロでないスカラー c_i が一つでも存在するとき，ベクトル $\boldsymbol{x}_1, \boldsymbol{x}_2, \cdots, \boldsymbol{x}_m$ は**一次従属**であると呼ばれる．

c. 固有ベクトルの一次独立性

固有ベクトルの一次独立性に関して，以下の定理が成立する．

定理 A.1 (固有ベクトルの一次独立性)**.** $n \times n$ 正方行列 A の n 個の固有値のうち，$m(\leq n)$ 個相異なる固有値があるとし，その固有値を $\lambda_1, \lambda_2, \cdots, \lambda_m$ とする．このとき，これらの固有値に対応する固有ベクトルを $\boldsymbol{x}_1, \boldsymbol{x}_2, \cdots, \boldsymbol{x}_m$ は，一次独立となる．

この定理は，つぎのようにして確認できる．

いま，$\boldsymbol{x}_1, \boldsymbol{x}_2, \cdots, \boldsymbol{x}_m$ が一次従属であるとし，$\boldsymbol{x}_1, \boldsymbol{x}_2, \cdots, \boldsymbol{x}_r (r < m)$ までは一次独立であるとする．このとき，$\boldsymbol{x}_{r+k}(k = 1, 2, \cdots, m-r)$ は，$\boldsymbol{x}_1, \boldsymbol{x}_2, \cdots, \boldsymbol{x}_r$ の一次結合として

$$\boldsymbol{x}_{r+k} = c_{k1}\boldsymbol{x}_1 + c_{k2}\boldsymbol{x}_2 + \cdots + c_{kr}\boldsymbol{x}_r \qquad \text{(A.35)}$$

と表すことができる．(A.35) 式に左から行列 A を掛けると，$A\boldsymbol{x}_i = \lambda_i\boldsymbol{x}_i$ なる関係より，

$$\lambda_{r+k}\boldsymbol{x}_{r+k} = c_{k1}\lambda_1\boldsymbol{x}_1 + c_{k2}\lambda_2\boldsymbol{x}_2 + \cdots + c_{kr}\lambda_r\boldsymbol{x}_r \qquad \text{(A.36)}$$

が得られる．また，(A.35) 式に λ_{r+k} を掛けると

$$\lambda_{r+k}\boldsymbol{x}_{r+k} = c_{k1}\lambda_{r+k}\boldsymbol{x}_1 + c_{k2}\lambda_{r+k}\boldsymbol{x}_2 + \cdots + c_{kr}\lambda_{r+k}\boldsymbol{x}_r \qquad \text{(A.37)}$$

となる．よって，(A.36) 式 $-$(A.37) 式を計算すると

$$c_{k1}(\lambda_1 - \lambda_{r+k})\boldsymbol{x}_1 + c_{k2}(\lambda_2 - \lambda_{r+k})\boldsymbol{x}_2 + \cdots + c_{kr}(\lambda_r - \lambda_{r+k})\boldsymbol{x}_r = \boldsymbol{0} \qquad \text{(A.38)}$$

を得る．$\boldsymbol{x}_1, \boldsymbol{x}_2, \cdots, \boldsymbol{x}_r$ の一次独立性より，(A.38) 式が成り立つのは

$$c_{k1}(\lambda_1 - \lambda_{r+k}) = c_{k2}(\lambda_2 - \lambda_{r+k}) = \cdots = c_{kr}(\lambda_r - \lambda_{r+k}) = 0 \tag{A.39}$$

のときである．$\lambda_i (i = 1, 2, \cdots, m)$ は相異なる固有値なので，(A.39) 式より，

$$c_{k1} = c_{k2} = \cdots = c_{kr} = 0 \tag{A.40}$$

が得られる．このとき，(A.35) 式より，$\boldsymbol{x}_{r+k} = \boldsymbol{0}$ となり，$\boldsymbol{x}_{r+k}$ が固有ベクトルという仮定に矛盾する．よって，相異なる固有値の固有ベクトルは一次独立である．

A.6.5 行列の対角化

a. 固有値がすべて異なる場合

いま，$n \times n$ 行列 A がすべて相異なる固有値 $\lambda_i (i = 1, 2, \cdots, n)$ をもつとする．この固有値 λ_i に対応する固有ベクトルを $\boldsymbol{x}_i (i = 1, 2, \cdots, n)$ とおくと，当然，

$$A\boldsymbol{x}_i = \lambda_i \boldsymbol{x}_i, \quad i = 1, 2, \cdots, n \tag{A.41}$$

が成り立つ．上記の関係をまとめて行列の形で表すと

$$[A\boldsymbol{x}_1 \ A\boldsymbol{x}_2 \ \cdots \ A\boldsymbol{x}_n] = [\lambda_1 \boldsymbol{x}_1 \ \lambda_2 \boldsymbol{x}_2 \ \cdots \ \lambda_n \boldsymbol{x}_n] \tag{A.42}$$

すなわち，

$$AU = U\Lambda \tag{A.43}$$

を得る．ここに，U は，A の固有ベクトル $\boldsymbol{x}_i$ を並べて作る $n \times n$ 行列：

$$U = [\boldsymbol{x}_1 \ \boldsymbol{x}_2 \ \cdots \ \boldsymbol{x}_n]$$

であり，**モード行列**と呼ばれる．Λ は，固有値を対角に並べて作る $n \times n$ 対角行列：

$$\Lambda = \begin{bmatrix} \lambda_1 & & 0 \\ & \ddots & \\ 0 & & \lambda_n \end{bmatrix}$$

である．このとき，$\boldsymbol{x}_i (i = 1, 2, \cdots, n)$ の一次独立性より，U が正則（$\mathrm{rank} U = n$）であることから，(A.43) 式より，

$$U^{-1}AU = \Lambda \tag{A.44}$$

が得られる．すなわち，**対角化**が達成できる．

b. 重複している固有値をもつ場合

上記のように n 個すべての固有値が相異なるときは，一次独立な固有ベクトルにより構成される正則なモード行列を用いることで行列の対角化が達成できる．しかし，すべての行列が，すべて相異なる固有値をもつわけではない．一般には，重複する固有値を

もつ場合が存在する．このような場合は，対角化可能だろうか．

いま，行列 A の特性多項式が，つぎのように表されているものとしよう．

$$\psi(\lambda) = (\lambda - \lambda_1)^{r_1}(\lambda - \lambda_2)^{r_2} \cdots (\lambda - \lambda_q)^{r_q} \tag{A.45}$$

すなわち，q 個の固有値 $\lambda_i (i = 1, 2, \cdots, q)$ をもち，それぞれの固有値の重複度が r_i，ただし，$r_1 + r_2 + \cdots + r_q = n$ である．

このとき，λ_i に対する固有値に関して，r_i 個の一次独立な固有値 $\boldsymbol{x}_i$ が見つかれば，すなわち，λ_i に対する固有値が r_i 個の任意定数 c_j および一次独立なベクトル $\boldsymbol{x}_{ij} (j = 1, 2, \cdots, r_i)$ を用いて

$$\boldsymbol{x}_i = c_1\boldsymbol{x}_{i1} + c_2\boldsymbol{x}_{i2} + \cdots + c_{r_i}\boldsymbol{x}_{ir_i} \tag{A.46}$$

と表すことができるならば，

$$\bar{U} = \begin{bmatrix} \boldsymbol{x}_{11} & \cdots & \boldsymbol{x}_{1r_1} & \boldsymbol{x}_{21} & \cdots & \boldsymbol{x}_{2r_2} & \cdots & \boldsymbol{x}_{q1} & \cdots & \boldsymbol{x}_{qr_q} \end{bmatrix} \tag{A.47}$$

と構成することで，$\bar{U}^{-1}A\bar{U} = \mathrm{diag}[\lambda_1 \cdots \lambda_1 \ \cdots \ \lambda_q \cdots \lambda_q]$ と対角化できる．

なお，行列 A がエルミート行列である場合は，A が正規行列（$AA^* = A^*A$）であるので，

$$A = U^*\Lambda U$$

となる，対角要素が A の固有値である対角行列 Λ とユニタリ行列 U（$U^*U = I$）が存在することが知られている．すなわち，A がエルミート行列（または実対称行列）である場合は，必ず対角化できる．

上記以外の場合は対角化はできないが，下記に示すジョルダン標準形と呼ばれる形に準対角化できることが知られている．

簡単のため，行列 A の特性方程式が n 重根 λ_1（固有値 λ_1 の重複度が n）をもつ場合を考えよう．λ_1 に対する固有ベクトルを $\boldsymbol{x}_1$ とする．このとき，

$$\begin{gathered} (\lambda_1 I - A)\boldsymbol{x}_1 = \boldsymbol{0} \\ (A - \lambda_1)\boldsymbol{x}_2 = \boldsymbol{x}_1 \\ \vdots \\ (A - \lambda_1)\boldsymbol{x}_{i+1} = \boldsymbol{x}_i \\ \vdots \\ (A - \lambda_1)\boldsymbol{x}_n = \boldsymbol{x}_{n-1} \end{gathered} \tag{A.48}$$

を満足するように，$\boldsymbol{x}_i$ を構成すると，$\boldsymbol{x}_1, \cdots, \boldsymbol{x}_n$ は一次独立となる．また，

$$U_1 = [\boldsymbol{x}_1 \ \cdots \ \boldsymbol{x}_n]$$

とおくと，(A.48) 式より，

$$AU_1 = U_1\Lambda_1, \quad \Lambda_1 = \begin{bmatrix} \lambda_1 & 1 & & 0 \\ & \ddots & \ddots & \\ & & \ddots & 1 \\ 0 & & & \lambda_1 \end{bmatrix}$$

を得る．すなわち，

$$U_1^{-1}AU_1 = \Lambda_1$$

が得られ，準対角化できる．

一般に，行列 A の特性方程式が r_i 重根を q 組もつ場合，

$$J^{-1}AJ = \begin{bmatrix} \Lambda_1 & & 0 \\ & \ddots & \\ 0 & & \Lambda_q \end{bmatrix}, \quad \Lambda_i = \begin{bmatrix} \lambda_i & 1 & & 0 \\ & \ddots & \ddots & \\ & & \ddots & 1 \\ 0 & & & \lambda_i \end{bmatrix} \in \boldsymbol{R}^{r_i \times r_i} \tag{A.49}$$

と変換する正則行列 J が存在する．これが，**ジョルダン標準形**である．

A.7 正 定 行 列

A.7.1 二 次 形 式

ベクトル $\boldsymbol{x} := [x_1, x_2, \cdots, x_n]^T \in \boldsymbol{R}^n$ に対し，行列 $P := [p_{ij}] \in \boldsymbol{R}^{n \times n}$ により構成される

$$\boldsymbol{x}^T P \boldsymbol{x} = \sum_{i=1}^{n} \sum_{j=1}^{n} p_{ij} x_i x_j \tag{A.50}$$

をベクトル $\boldsymbol{x}$ の二次形式と呼ぶ．一般に

$$\boldsymbol{x}^T P \boldsymbol{x} = \frac{1}{2} \boldsymbol{x}^T (P + P^T) \boldsymbol{x}$$

なので，一般性を失うことなく，$P = P^T$ なる対称行列として考えることができる．以下，P は対称行列とする．

A.7.2 正 定 行 列

対称行列 $P = P^T \in \boldsymbol{R}^{n \times n}$ の正定性は，つぎのように定義される．

定義 A.4 (準正定行列)**.** 対称行列 $P \in \boldsymbol{R}^{n \times n}$ は，

$$\boldsymbol{x}^T P \boldsymbol{x} \geq 0,\ \forall \boldsymbol{x} \in \boldsymbol{R}^n$$

であるとき**準正定**であるといい，$P \geq 0$ と表される．

定義 A.5 (正定行列)**.** 対称行列 $P \in \boldsymbol{R}^{n\times n}$ は，

$$\boldsymbol{x}^T P \boldsymbol{x} > 0,\ \forall \boldsymbol{x} \in \boldsymbol{R}^n$$

であるとき**正定**であるといい，$P > 0$ と表される．

行列 A,B が対称行列であるとき，$A - B \geq 0$ の場合，$A \geq B$ と表される．$A - B > 0$ の場合は，$A > B$ と表す．

なお，上記の定義は，$P \in \boldsymbol{C}^{n\times n}$, $\boldsymbol{x} \in \boldsymbol{C}^n$ に対しても同様に，正定（準正定）性が定義できる．この場合は，$A = A^*$ なるエルミート行列が対象となる．

対称行列 P のが正定であるための必要十分条件として，つぎの二つの条件が知られている．

定理 A.2 (シルベスタ条件)**.** 対称行列 P が正定であるための必要十分条件は，行列 P のすべての主座小行列式が正となることである．すなわち，

$$S_1 = p_{11} > 0,\ S_2 = \begin{vmatrix} p_{11} & p_{12} \\ p_{12} & p_{22} \end{vmatrix} > 0, \cdots,$$

$$S_i = \begin{vmatrix} p_{11} & \cdots & p_{1i} \\ \vdots & & \vdots \\ p_{1i} & \cdots & p_{ii} \end{vmatrix} > 0, \cdots,\ \det P > 0$$

定理 A.3. エルミート行列（実対称行列）A が正定（準正定）であるための必要十分条件は，A のすべての固有値が正（非負）であることである．

上記定理 A.3 は，つぎのようにして簡単に確認することができる．

エルミート行列 A は正規行列（$AA^* = A^*A$）であるので，

$$A = U^* \Lambda U$$

となる，対角行列 Λ とユニタリ行列 U（$U^*U = I$）が存在し，Λ の対角要素は，行列 A の固有値である．そこで，$\boldsymbol{y} = U\boldsymbol{x}$ とおくと

$$\begin{aligned} \boldsymbol{x}^* A \boldsymbol{x} &= \boldsymbol{x}^* U^* \Lambda U \boldsymbol{x} \\ &= (U\boldsymbol{x})^* \Lambda (U\boldsymbol{x}) \\ &= \boldsymbol{y}^* \Lambda \boldsymbol{y} = \sum_{i=1}^{n} \lambda_i |y_i|^2 \end{aligned} \tag{A.51}$$

と表される．よって，A のすべての固有値が正であれば (A.51) 式より，$\boldsymbol{x}^* A \boldsymbol{x} > 0$，すなわち，$A > 0$ である．逆に任意の $\boldsymbol{x}$ に対し，$\boldsymbol{x}^* A \boldsymbol{x} > 0$ であれば，任意の $\boldsymbol{y}$ に対し，$\sum_{i=1}^{n} \lambda_i |y_i|^2 > 0$ である．任意の $\boldsymbol{y}$ すなわち任意の y_i に対し，これが成り立つためには，$\lambda_i > 0$ でなければならない．

同様に考えると，正定対称行列 A に対して，つぎの性質が成り立つことも簡単に示すことができる．

$$\lambda_{\min}[A] \|\boldsymbol{x}\|^2 \le \boldsymbol{x}^* A \boldsymbol{x} \le \lambda_{\max}[A] \|\boldsymbol{x}\|^2 \tag{A.52}$$

なお，ユークリッドノルムに対しては，

$$\|A\| = \lambda_{\max}[A] \tag{A.53}$$

さらに，

$$\|A^{-1}\| = 1/\lambda_{\min}[A] \tag{A.54}$$

が成り立つ．

また，一般に行列 A, B に対してつぎの性質が成り立つ．

$$\max_i |\lambda_i(A + B)| \le \|A\| + \|B\| \tag{A.55}$$

また，A, B が共にエルミートならば

$$\lambda_{\min}[A] + \lambda_{\min}[B] \le \lambda_i(A + B) \le \lambda_{\max}[A] + \lambda_{\max}[B] \tag{A.56}$$

も成り立つ．

B 最適レギュレータ定理の証明

【定理 4.3 の証明】[5)]

（**必要性**）

制御入力 (4.32) 式を (4.30) 式および (4.34) 式に代入すると

$$\dot{\boldsymbol{x}}(t) = (A - BK)\boldsymbol{x}(t) \tag{B.1}$$

$$J = \int_0^\infty \boldsymbol{x}(t)^T (Q + K^T RK)\boldsymbol{x}(t)dt \tag{B.2}$$

を得る．(B.2) で与えられる評価関数が有限値をとるには，

$$\lim_{t\to\infty} \boldsymbol{x}(t) = \boldsymbol{x}(\infty) = \mathbf{0} \tag{B.3}$$

を満たさなければならないが，(A, B) が可制御ペアであることから $(A - BK)$ を安定化するゲイン K は必ず存在し，そのような K についてリアプノフの安定定理に基づき，つぎのリアプノフ方程式

$$(A - BK)^T P + P(A - BK) = -\bar{Q} \tag{B.4}$$

を満足する正定対称行列 $P = P^T > 0$, $\bar{Q} = \bar{Q}^T > 0$ が存在するといえる．そこで，

$$\bar{Q} = Q + K^T RK \tag{B.5}$$

とし，(B.4) 式を (B.2) 式に代入して (B.3) 式を用いると

$$\begin{aligned} J &= -\int_0^\infty \boldsymbol{x}(t)^T \{(A - BK)^T P + P(A - BK)\}\boldsymbol{x}(t)dt \\ &= -\int_0^\infty \{\dot{\boldsymbol{x}}(t)^T P\boldsymbol{x}(t) + \boldsymbol{x}(t)^T P\dot{\boldsymbol{x}}(t)\}dt \\ &= -\int_0^\infty \frac{d}{dt}\{\boldsymbol{x}(t)^T P\boldsymbol{x}(t)\}dt \\ &= -\boldsymbol{x}(\infty)^T P\boldsymbol{x}(\infty) + \boldsymbol{x}_0^T P\boldsymbol{x}_0 \\ &= \boldsymbol{x}_0^T P\boldsymbol{x}_0 \end{aligned} \tag{B.6}$$

を得る．(B.6) 式の J を最小にするフィードバックゲイン K の必要条件は，J を K の

要素 k_{ij} で偏微分したとき，すべての要素 k_{ij} に対して

$$\frac{\partial J}{\partial k_{ij}} = \boldsymbol{x}_0^T \left(\frac{\partial P}{\partial k_{ij}} \right) \boldsymbol{x}_0 = 0, (i, j = 0, 1, 2, \cdots, n) \tag{B.7}$$

が成立することである．$\boldsymbol{x}_0 \neq 0$ のもとで上式は

$$\frac{\partial P}{\partial k_{ij}} = 0, (i, j = 0, 1, 2, \cdots, n) \tag{B.8}$$

となる．一方，(B.4) 式の両辺を k_{ij} で偏微分し (B.8) 式を用いると

$$\left(\frac{\partial K}{\partial k_{ij}} \right)^T B^T P + PB \left(\frac{\partial K}{\partial k_{ij}} \right) = \frac{\partial \bar{Q}}{\partial k_{ij}} \tag{B.9}$$

が得られ，右辺は

$$\begin{aligned} \frac{\partial \bar{Q}}{\partial k_{ij}} &= \frac{\partial (Q + K^T RK)}{\partial K_i j} \\ &= \left(\frac{\partial K}{\partial k_{ij}} \right)^T RK + K^T R \left(\frac{\partial K}{\partial k_{ij}} \right) \end{aligned}$$

と変形できる．したがって，$B^T P = RK$ が成立することとなり (4.35) 式が得られる．

（**十分性**）

(4.30) 式を変形すると

$$A\boldsymbol{x}(t) = \dot{\boldsymbol{x}}(t) - B\boldsymbol{u}(t) \tag{B.10}$$

となることから，(4.36) 式を (4.34) 式の被積分項に代入すると

$$\begin{aligned} &\boldsymbol{x}(t)^T \, Q \, \boldsymbol{x}(t) + \boldsymbol{u}(t)^T R\boldsymbol{u}(t) \\ &\quad = \boldsymbol{x}(t)^T (-PA - A^T P + PBR^{-1} B^T P)\boldsymbol{x}(t) + \boldsymbol{u}(t)^T R\boldsymbol{u}(t) \\ &\quad = -\boldsymbol{x}(t)^T P(\dot{\boldsymbol{x}}(t) - B\boldsymbol{u}(t)) - (\dot{\boldsymbol{x}}(t) - B\boldsymbol{u}(t))^T P\boldsymbol{x}(t) \\ &\qquad + \boldsymbol{x}(t)^T PBR^{-1} B^T P\boldsymbol{x}(t) + \boldsymbol{u}(t)^T R\boldsymbol{u}(t) \\ &\quad = -\boldsymbol{x}(t)^T P\dot{\boldsymbol{x}}(t) - \dot{\boldsymbol{x}}(t)^T P\boldsymbol{x}(t) + \boldsymbol{x}(t)^T PB\boldsymbol{u}(t) + \boldsymbol{u}(t)^T B^T P\boldsymbol{x}(t) \\ &\qquad + \boldsymbol{x}(t)^T PBR^{-1} B^T P\boldsymbol{x}(t) + \boldsymbol{u}(t)^T R\boldsymbol{u}(t) \\ &\quad = -\frac{d}{dt} \left(\boldsymbol{x}(t)^T P\boldsymbol{x}(t) \right) \\ &\qquad + (\boldsymbol{u}(t) + R^{-1} B^T P\boldsymbol{x}(t))^T R(\boldsymbol{u}(t) + R^{-1} B^T P\boldsymbol{x}(t)) \end{aligned} \tag{B.11}$$

となる．したがって，評価関数 J は

$$\begin{aligned} J &= -\boldsymbol{x}(\infty)^T P\boldsymbol{x}(\infty) + \boldsymbol{x}_0^T P\boldsymbol{x}_0 \\ &\quad + \int_0^\infty (\boldsymbol{u}(t) + R^{-1} B^T P\boldsymbol{x}(t))^T R(\boldsymbol{u}(t) + R^{-1} B^T P\boldsymbol{x}(t)) dt \end{aligned}$$

となることから，評価関数 J を最小化する最適制御入力は次式となる．

$$\boldsymbol{u}(t) = -R^{-1} B^T P\boldsymbol{x}(t) \tag{B.12}$$

C ナイキストの安定判別法

ナイキストの安定判別法とは，一巡伝達関数 $L(s)$ の周波数特性を用いて一巡伝達関数 $L(s)$ に対応する閉ループ系の安定性を判別する方法である．以下でその概要を説明する．

C.1　一巡伝達関数の周波数特性とナイキストの安定判別

ここでプロパーな一巡伝達関数 $L(s)$ を考え，それの分子および分母多項式をそれぞれ $N_L(s)$ および $D_L(s)$ とする．ただし，$N_L(s)$ および $D_L(s)$ の間に極・零相殺がないものとする．

$$L(s) = \frac{N_L(s)}{D_L(s)} \tag{C.1}$$

(C.1) 式の一巡伝達関数 $L(s)$ に対応する閉ループ系の特性方程式は

$$1 + L(s) = \frac{D_L(s) + N_L(s)}{D_L(s)} \tag{C.2}$$

となる．したがって，(C.3) 式の根が開ループ極となり，

$$D_L(s) = 0 \tag{C.3}$$

(C.4) 式の根が閉ループ極となる．

$$D_L(s) + N_L(s) = 0 \tag{C.4}$$

ナイキストの安定判別法は (C.4) 式の根を求めることなく，$L(s)$ のベクトル軌跡から閉ループ系の安定性を判別する方法である．

ナイキストの安定判別法を説明するために，(C.2) 式の特性方程式を，閉ループ極を $r_1, r_2, \cdots, r_n$，開ループ極を $p_1, p_2, \cdots, p_n$ を用いてつぎのように表す．ただし，n は閉ループ系の次数である．

$$1 + L(s) = \frac{(s - r_1)(s - r_2)\cdots(s - r_n)}{(s - p_1)(s - p_2)\cdots(s - p_n)} \tag{C.5}$$

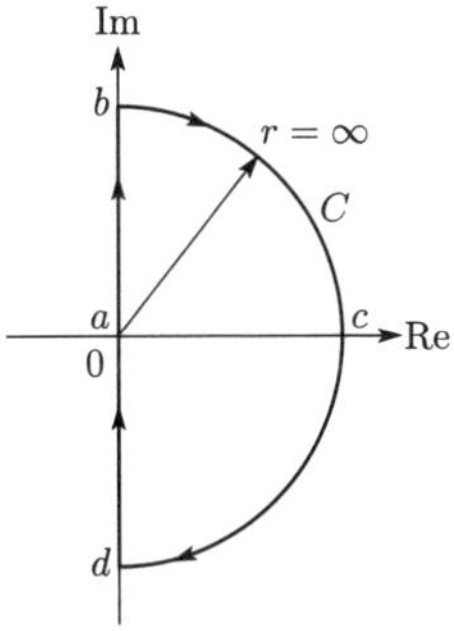

図 C.1 ナイキスト経路

ここで，図 C.1 に示す複素平面上の原点を中心とする半径 $r = \infty$ の半円である閉曲線 C を考え，s が閉曲線 C 上を $a \to b \to c \to d \to a$ の順で時計回りに一周するときの $1 + L(s)$ のベクトル軌跡を考える．なお，図 C.2 に示す閉曲線 C をナイキスト経路という．

例えば，(C.5) 式の $1 + L(s)$ の分子中の $s - r_1$ は，点 r_1 から見た閉曲線 C を移動する s の軌跡であるので，s が閉曲線 C 上を時計回りに一周するとき，点 r_1 が閉曲線 C の内部にあれば $s - r_1$ のベクトル軌跡も原点のまわりを時計回りに一周する．また，点 r_1 が閉曲線 C の外部にある場合には，$s - r_1$ のベクトル軌跡は原点のまわりを行ったり来たりするだけで原点のまわりを一周することはない．同様なことが $r_2 \sim r_n$ および $p_1 \sim p_n$ についてもいえる．ただし，$p_1 \sim p_n$ については，例えば，$\angle(s - p_1)^{-1} = -\angle(s - p_1)$ であるので，点 p_1 が閉曲線 C の内部にある場合には，$(s - p_1)^{-1}$ のベクトル軌跡は，原点のまわりを，時計回りと逆方向，すなわち，反時計回りに一周することになる．また，複数の複素数の積の全体の位相は，各複素数の位相の和となるので，$r_1 \sim r_n$ のうち閉曲線 C の内部にあるものの個数を Z，$p_1 \sim p_n$ のうち閉曲線 C の内部にあるものの個数を Π とし，s が閉曲線 C 上を時計回りに一周するとき，$1 + L(s)$ のベクトル軌跡が原点のまわりを時計回りに周回する回数を N とすると，$N = Z - \Pi$ となる．なお，$\Pi > Z$ の場合には N は負となり，$1 + L(s)$ のベクトル軌跡は原点のまわりを反時計回りに N 周することになる．

ところで，図 C.1 のナイキスト経路は複素平面の右半平面全体を囲む閉曲線であるので，Z および Π は，それぞれ，不安定な閉ループ極および開ループ極の個数である．したがって，不安定な開ループの極の個数 Π が既知ならば，s がナイキスト経路上を時計回りに一周するときの $1 + L(s)$ のベクトル軌跡が原点のまわりを時計回りに周回する回数 N を求めることにより，不安定な閉ループ極の個数 Z が (C.6) 式で求まる．

$$Z = N + \Pi \tag{C.6}$$

以上では，$1 + L(s)$ のベクトル軌跡を考えたが，$1 + L(s)$ のベクトル軌跡は $L(s)$ のベクトル軌跡に 1 を加えたものであるので，$1+L(s)$ から 1 を減じた $L(s)$ のベクトル軌跡においては，N は，s がナイキスト経路を時計回りに一周したとき，$L(s)$ が点 $(-1,0)=(0,0)-(1,0)$ のまわりを時計回りに周回する回数を N と考えればよい．ここで，s がナイキスト経路上を時計回りに一周したときの $L(s)$ のベクトル軌跡をナイキスト軌跡，点 $(-1,0)$ を臨界点と呼ぶ．

ところで，s がナイキスト経路上の虚軸上を除く $r=\infty$ の半円上にあるとき，$|s|=\infty$ であるので，$L(s)$ が厳密にプロパーであれば $L(s)=0$ となる．また，s が虚軸上を $j0$ から $-j\infty$ まで動くときの $L(s)$ の軌跡は，s が虚軸上を $j0$ から $+j\infty$ まで動くときの $L(s)$ のベクトル軌跡の複素共役，すなわち，実軸に対して線対称なものとなる．したがって，$L(s)$ が厳密にプロパーのとき，ナイキスト軌跡は $s=j\omega$ とし，ω を $0+\to+\infty$ と変化させたときの $L(s)$ の周波数応答 $L(j\omega)$ とその複素共役のみを考えればよい．ただし，$L(s)$ が虚軸上に極をもつときの扱いには注意が必要である．特にサーボ系では，一巡伝達関数が積分器を必ず含むため，虚軸上に極 0 をもつ．これについては，以下の例で説明する．

C.2 虚軸上の開ループ極の扱い

つぎの一巡伝達関数 $L(s)$ を考える．

$$L(s)=\frac{3}{s(s-1)(s+2)} \tag{C.7}$$

この $L(s)$ は安定極 -2 のほかに，不安定極 1 と虚軸上の極 0 をもち，$L(j\omega)$ は次式となる．

$$L(j\omega)=\frac{3}{j\omega(j\omega-1)(j\omega+2)} \tag{C.8}$$

まず，ω が $0+$ から $+\infty$ まで変化したときの $L(j\omega)$ のベクトル軌跡を考える．$\omega\simeq 0+$ のとき，

$$L(j\omega)\simeq\frac{3}{j\omega\cdot(-1)\cdot 2}=\frac{3}{j\omega\cdot(-1)\cdot 2}=j\frac{3}{2\omega} \tag{C.9}$$

となる．したがって，$\omega\to 0+$ のとき $|L(j\omega)|=\infty$，$\angle L(j\omega)=90^\circ$ となる．さらに，$L(j\omega)$ の実部 $\Re[L(j\omega)]$ は

$$\Re[L(j\omega)]=-\frac{3}{\omega^4+5\omega^2+4} \tag{C.10}$$

であるので，$\omega\to 0+$ でナイキスト軌跡の実部は $-3/4=-0.75$ に漸近することがわかる．

つぎに，$\omega\to+\infty$ のときを考える．$\omega\gg 2$ で (C.7) 式は

$$L(j\omega)\simeq\frac{3}{j\omega\cdot j\omega\cdot j\omega} \tag{C.11}$$

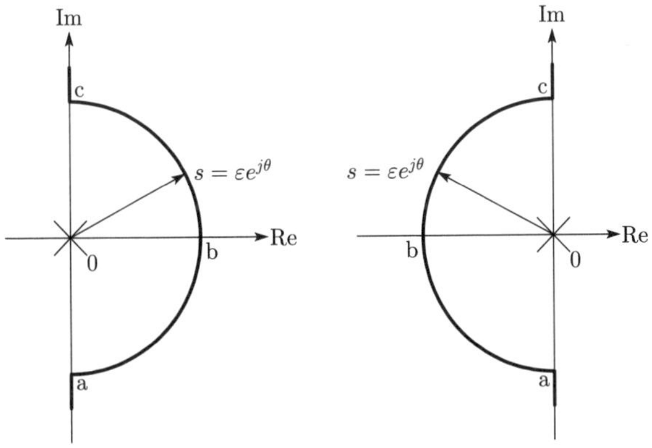

(a) 右半面への回避　　(b) 左半面への回避

図 C.2 虚軸上の極 0 を回避するためのナイキスト経路の変更

となることより，$\omega \to +\infty$ のとき，$|L(j\omega)| = 0$，$\angle L(j\omega) = -270^\circ$ となる．以上より，ω が $0+$ から $+\infty$ まで変化したときの $L(j\omega)$ のベクトル軌跡を描くことができる．また，その実軸に対して線対称な軌跡として，ω が $0-$ から $-\infty$ まで変化したときの $L(j\omega)$ のベクトル軌跡を描くことができる．しかし，これらの二つの軌跡は ω が $0+$ および $0-$ のとき不連続となり，これらの軌跡から N を求めることができない．

そこで，ナイキスト経路を $\omega = 0$ の近傍で図 C.2(a) または図 C.2(b) のように変更する．ただし，ε および θ は，それぞれ，s の絶対値および位相である．また，ナイキスト経路の変更によりナイキスト経路の内側にある他の開ループ極がナイキスト経路の外側に出ないよう $\varepsilon \to 0$ とする．

$s = \varepsilon e^{j\theta}$，$\varepsilon \to 0$ のとき，

$$L(s) = \frac{3}{\varepsilon e^{j\theta}(\varepsilon e^{j\theta} - 1)(\varepsilon e^{j\theta} + 2)} \simeq -\frac{3}{2\varepsilon}e^{-j\theta} = \frac{3}{2\varepsilon}e^{j(\pi-\theta)} \tag{C.12}$$

となる．したがって，$\angle L(s) = \pi - \theta$ となり，s と $L(s)$ で θ の符号が反転することにより，両者のベクトル軌跡の回転方向が反転することに注意が必要である．

ナイキスト経路を図 C.2(a) のように変更した場合には，s が図 C.2(a) の $a \to b \to c$ を通るとき，θ は反時計回りに $-90^\circ \to 0 \to 90^\circ$ と変化する．このとき，$\angle L(s)$ は，(C.12) 式より時計回りに $270^\circ \to 180^\circ \to 90^\circ$ に変化する．したがって，このときのナイキスト軌跡は図 C.3(a) のようになり，臨界点 $(-1, 0)$ を時計回りに一周する．

なお，図 C.3(a) の実線は ω を $0+ \to +\infty$ としたときの $L(j\omega)$ のベクトル軌跡，すなわち，$L(s)$ の周波数特性である．また，図 C.3(a) の破線は ω を $0- \to -\infty$ としたときの $L(j\omega)$ のベクトル軌跡で，$L(s)$ の周波数特性のベクトル軌跡を実軸に対して線対称に描いたものである．さらに図 C.3(a) の点線は s が図 C.2(a) を動いたときの $L(s)$

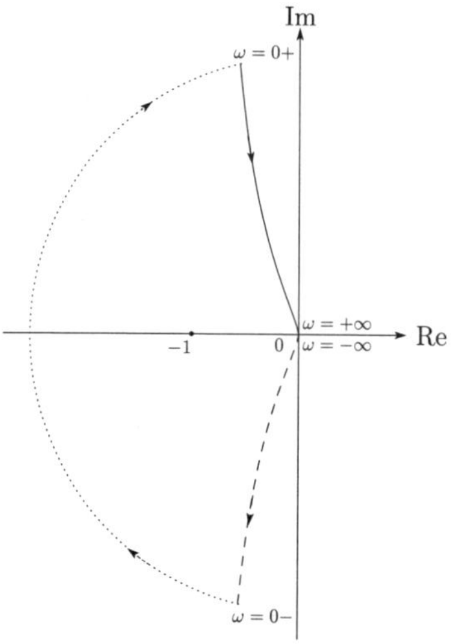

(a) 右半面への回避した場合

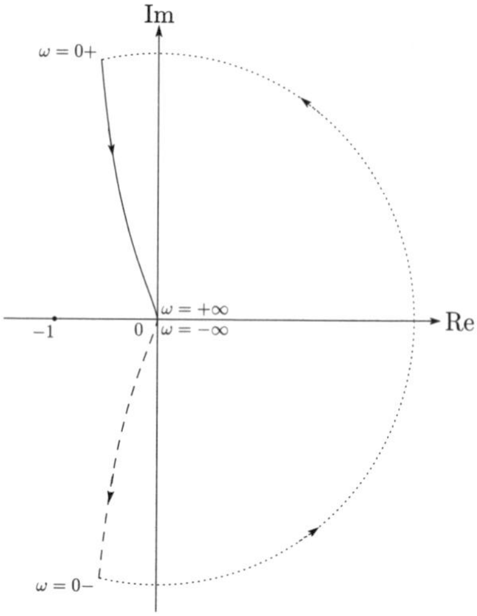

(b) 左半面への回避した場合

図 C.3 (C.12) 式の $L(s)$ のナイキスト軌跡

のベクトル軌跡を表している．図 C.3(a) のナイキスト軌跡より $N = 1$ であることがわかる．この場合は，図 C.2(a) に示すナイキスト経路の変更により，ナイキスト経路の内側に含まれる開ループ極は 1 だけとなり，$\Pi = 1$ である．したがって，この場合の不安定な閉ループ極の個数は $Z = N + \Pi = 1 + 1 = 2$ となる．

また，ナイキスト経路を図 C.2(b) のように変更した場合には，ナイキスト軌跡は図 C.3(b) のようになり，臨界点 $(-1, 0)$ のまわりを一周も回らない．したがって，$N = 0$ である．また，図 C.3(b) に示すナイキスト経路の変更により，ナイキスト経路の内側に含まれる開ループ極は 1 および 0 となり $\Pi = 2$ である．したがって，この場合も不安定な閉ループ極の個数は $Z = N + \Pi = 0 + 2 = 2$ となる．

以上より，ナイキスト経路の変更によらず，求める不安定極の個数は 2 となる．実際にこの場合の閉ループ極を計算すると，-2.3744，$0.6872 \pm j0.8895$ となり，不安定極の個数はナイキストの安定判別法で得た 2 と同じであることがわかる．

D ラグランジュの運動方程式による運動方程式の導出関係

ボールの質点の位置および速度は，(9.8)，(9.9)，(9.10) 式および (9.11) 式で示される．

これらの位置および速度を用いて，以下のラグランジュの運動方程式を用いてボールの運動方程式を導出する．

$$\frac{d}{dt}\left(\frac{\partial T}{\partial \dot{q}_i}\right) - \frac{\partial T}{\partial q_i} + \frac{\partial V}{\partial q_i} = Q_i \tag{D.1}$$

ここで，q_i は一般座標，$\dot{q}_i$ は一般座標を時間微分したものを，Q_i は一般座標に対する外力を示している．

ボールの運動方程式を導出するとき，一般化座標はボールの位置 $x(t)$ のみであるため，$q = x(t)$ となり，DC モータの電圧 $e(t)$ を入力することから，外力は $Q = 0$ となる．

また，T および V は，運動エネルギーおよび位置エネルギーをそれぞれ示しており，以下となる．

$$T = \frac{1}{2}m\{\dot{X}_m^2(t) + \dot{Z}_m^2(t)\} + \frac{1}{2}I_b\dot{\phi}^2(t) \tag{D.2}$$

$$V = mgZ_m(t) \tag{D.3}$$

ただし，ボールの位置 $x(t)$ とボールの回転角 $\phi(t)$ の関係は，$x(t) = r\phi(t)$ である．よって，(D.2) 式は次式となる．

$$T = \frac{1}{2}m\{\dot{x}^2(t) + x^2(t)\dot{\theta}^2(t)\} + \frac{1}{2}\frac{I_b}{r^2}\dot{x}^2(t) \tag{D.4}$$

(D.3) 式および (D.4) 式を (D.1) 式に代入し，計算すると (D.1) 式の各項は次式となる．

$$\frac{d}{dt}\left\{\frac{\partial T}{\partial \dot{x}(t)}\right\} = \left(m + \frac{I_b}{r^2}\right)\ddot{x}(t) \tag{D.5}$$

$$\frac{\partial T}{\partial x(t)} = mx(t)\dot{\theta}^2(t) \tag{D.6}$$

$$\frac{\partial V}{\partial x(t)} = -mg\sin\theta(t) \tag{D.7}$$

以上より (9.12) 式を導出することができる．

E 演習問題解答

1章

問題 1.1. 省略.

問題 1.2. ラプラス変換の定義式を用いると,

$$\begin{aligned} X(s) &= \int_0^{\infty} e^{-\alpha t} e^{-st} dt = \int_0^{\infty} e^{-(s+\alpha)t} dt \\ &= [-\frac{1}{s+\alpha} e^{-(s+\alpha)t}]_0^{\infty} = 0 - (-\frac{1}{s+\alpha}) \\ &= \frac{1}{s+\alpha} \end{aligned}$$

となる.

問題 1.3. 部分分数展開すると,

$$X(s) = \frac{1}{2}\left(\frac{K}{s} - \frac{K}{s+2}\right)$$

となる．ラプラス変換表を用いると,

$$x(t) = \frac{K}{2}(1 - e^{-2t})$$

となる.

問題 1.4. 直列結合則と並列結合則を用いると,

$$\begin{aligned} Y(s) &= \frac{2}{s+1}\left\{\frac{1}{s-1} + \frac{3}{s+2}\right\} U(s) \\ &= \frac{2}{s+1} \cdot \frac{4s-1}{s^2+s-2} U(s) \\ &= \frac{8s-2}{s^3+2s^2-s-2} U(s) \end{aligned}$$

となる．したがって，伝達関数 $G(s)$ は,

$$G(s) = \frac{Y(s)}{U(s)} = \frac{8s-2}{s^3+2s^2-s-2}$$

となる．

問題 1.5. 図から $X_1(s)$ および $Y(s)$ は次式のようになる．

$$X_1(s) = U(s) + Y(s)$$
$$Y(s) = \frac{1}{2} \cdot \frac{1}{(s+1)(s+2)}$$

上式から $X_1(s)$ を消去すると，伝達関数 $G(s)$ は

$$G(s) = \frac{1}{s^3 + 3s^2 + 2s + 1}$$

となる．

問題 1.6. 特性方程式は，

$$s^3 + 6s^2 + 12s + 9 = 0$$

となるので，フルビッツの行列式は

$$H = \begin{bmatrix} 6 & 9 & 0 \\ 1 & 12 & 0 \\ 0 & 6 & 9 \end{bmatrix}$$

となる．主座小行列式はすべて正であるので，このシステムは漸近安定である．

問題 1.7.

(1) 閉ループ伝達関数は

$$W(s) = \frac{0.5k_c(1-s)}{s^3 + 1.2s^2 + (0.2 - 0.5k_c)s + 0.5k_c}$$

(2) $0 < k_c < \frac{12}{55}$

(3) $k_c = 0.1$ のとき定常位置偏差は 0，$k_c = 0.5$ のときは制御系が不安定であるため算出できない．

(4) 1 型システム．

2 章

問題 2.1. いま，システムの微分方程式に状態変数を代入すると，

$$\dot{x}_2(t) = -\frac{k}{m}x_1(t) - \frac{c}{m}x_2(t) + \frac{1}{m}u(t)$$

なので，システムの状態空間表現は

$$\dot{\boldsymbol{x}}(t) = \begin{bmatrix} 0 & 1 \\ -\frac{k}{m} & -\frac{c}{m} \end{bmatrix} \boldsymbol{x}(t) + \begin{bmatrix} 0 \\ \frac{1}{m} \end{bmatrix} u(t)$$
$$y(t) = \begin{bmatrix} 1 & 0 \end{bmatrix} \boldsymbol{x}(t)$$

で求まる.

問題 2.2. それぞれ (2.31) 式に代入すると，同じであることが求まる.

問題 2.3. ステップ応答は $u(t)=1$ なので

$$\begin{aligned}&\int_0^t \boldsymbol{e}^{A(t-\tau)}B\boldsymbol{u}(\tau)d\tau\\&=\int_0^t\begin{bmatrix}2e^{-(t-\tau)}-e{-}2(t-\tau) & e^{-(t-\tau)}-e^{-2(t-\tau)}\\-2e^{-(t-\tau)}+2e^{-2(t-\tau)} & -e^{-(t-\tau)}+2e^{-2(t-\tau)}\end{bmatrix}\begin{bmatrix}0\\1\end{bmatrix}u(\tau)d\tau\\&=\begin{bmatrix}\frac{1}{2}-e^{-t}+\frac{1}{2}e^{-2t}\\e^{-t}-e^{-2t}\end{bmatrix}\end{aligned}$$

となる．したがって，(2.28) 式より

$$\begin{aligned}\begin{bmatrix}x_1(t)\\x_2(t)\end{bmatrix}&=\begin{bmatrix}3e^{-t}-2e^{-2t}\\-3e^{-t}+4e^{-2t}\end{bmatrix}+\begin{bmatrix}\frac{1}{2}-e^{-t}+\frac{1}{2}e^{-2t}\\e^{-t}-e^{-2t}\end{bmatrix}\\&=\begin{bmatrix}\frac{1}{2}+2e^{-t}-\frac{3}{2}e^{-2t}\\-2e^{-t}+3e^{-2t}\end{bmatrix}\end{aligned}$$

となり，これが状態変数 $\boldsymbol{x}(t)=[x_1(t),x_2(t)]^T$ の応答である.

したがって，

$$y(t)=[1\quad -1]\boldsymbol{x}(t)=\frac{1}{2}+4e^{-t}-\frac{9}{2}e^{-2t}$$

が，ステップ応答である.

問題 2.4. まず，$(sI-A)^{-1}$ を求めると.

$$\begin{aligned}\left(sI-\begin{bmatrix}0&1&0\\-1&-3&0\\0&-1&-2\end{bmatrix}\right)^{-1}&=\begin{pmatrix}s&-1&0\\1&s+3&0\\0&1&s+2\end{pmatrix}^{-1}\\&=\frac{1}{(s+2)(s^2+3s+1)}\begin{pmatrix}(s+2)(s+3)&s+2&0\\-(s+2)&s(s+2)&0\\1&-s&s^2+3s+1\end{pmatrix}\end{aligned}$$

となるので，(2.31) 式より,

$$\begin{aligned}G(s)&=\boldsymbol{c}^T(sI-A)^{-1}\boldsymbol{b}\\&=\frac{\begin{pmatrix}0&0&1\end{pmatrix}\begin{pmatrix}(s+2)(s+3)&s+2&0\\-(s+2)&s(s+2)&0\\1&-s&s^2+3s+1\end{pmatrix}\begin{bmatrix}0\\1\\2\end{bmatrix}}{(s+2)(s^2+3s+1)}\\&=\frac{2s+1}{s^2+3s+1}\end{aligned}$$

となる.

3章

問題 3.1. 可制御行列 M_c は

$$M_c = \begin{bmatrix} 1 & 4 \\ 0 & 1 \end{bmatrix}$$

となるので，$|M_c| = 1 \neq 0$ より可制御である.

問題 3.2. 可制御行列 M_c は

$$M_c = \begin{bmatrix} 1 & 3 & 9 \\ 1 & 3 & 9 \\ -1 & -3 & -9 \end{bmatrix}$$

となるので，$|M_c| = 0$ より可制御でない.

問題 3.3. 可観測行列 M_o は

$$M_o = \begin{bmatrix} 2 & -1 \\ -7 & 5 \end{bmatrix}$$

となるので，$|M_o| = 3 \neq 0$ より可観測である.

問題 3.4. 可観測行列 M_o は

$$M_o = \begin{bmatrix} 2 & -1 & -1 \\ -1 & 2 & 3 \\ 1 & 3 & -5 \end{bmatrix}$$

となるので，$|M_o| = -31 \neq 0$ より可観測である.

問題 3.5. 可制御行列 M_c は

$$M_c = \begin{bmatrix} 1 & 1 \\ 1 & 3 \end{bmatrix}$$

となるので，$|M_c| = 2 \neq 0$ より可制御である．変換行列 T は,

$$T = \frac{1}{2}\begin{bmatrix} -1 & 1 \\ 0 & 2 \end{bmatrix}$$

となる．これを用いて等価変換を行うと,

$$\dot{\boldsymbol{x}}(t) = \begin{bmatrix} 0 & 1 \\ 2 & 3 \end{bmatrix} \boldsymbol{x}(t) + \begin{bmatrix} 0 \\ 1 \end{bmatrix} u(t)$$

$$y(t) = \begin{bmatrix} 4 & 1 \end{bmatrix} \boldsymbol{x}(t)$$

を得る.

問題 3.6. 可観測行列 M_o は

$$M_o = \begin{bmatrix} -2 & 1 \\ -6 & -4 \end{bmatrix}$$

となるので，$|M_o| = 2 \neq 0$ より可観測である．変換行列 T は,

$$T = \begin{bmatrix} -2 & -6 \\ -2 & 1 \end{bmatrix}$$

となる．これを用いて等価変換を行うと,

$$\dot{\boldsymbol{x}}(t) = \begin{bmatrix} 0 & 10 \\ 1 & 2 \end{bmatrix} \boldsymbol{x}(t) + \begin{bmatrix} -12 \\ -5 \end{bmatrix} u(t)$$
$$y(t) = \begin{bmatrix} 0 & 1 \end{bmatrix} \boldsymbol{x}(t)$$

を得る.

4 章

問題 4.1. 閉ループ系の特性多項式は次式である.

$$|sI - A + \boldsymbol{b}\boldsymbol{k}^T| = s^2 + \left(\frac{c}{m} + \frac{k_2}{m}\right)s + \frac{k}{m} + \frac{k_1}{m}$$

つぎに，指定する極による特性多項式は次式である.

$$(s - p_1)(s - p_2) = s^2 - (p_1 + p_2)s + p_1 p_2$$

これら二つの式の係数を比較して，フィードバックゲインは以下のように求まる.

$$k_1 = p_1 p_2 m - k$$
$$k_2 = -(c + p_1 m + p_2 m)$$

問題 4.2. 閉ループ系の特性多項式は以下のとおりである.

$$\det(sI - A + \boldsymbol{b}\boldsymbol{k}^T) = \begin{vmatrix} s+13 & 45 & -9 \\ -1 & s & 3 \\ 0 & -1 & s+2 \end{vmatrix} = s^3 + 15s^2 + 74s + 120$$

これは，(4.18) 式に等しい.

問題 4.3. a_{11} の値にかかわらず，このシステムは可制御ではない．そのため，任意の極を配置することはできない．つぎに，状態フィードバック制御則 $u(t) = -[k_1 \;\; k_2]\boldsymbol{x}(t)$ を利用した閉ループ系における再配置可能な極を求めることで可安定性について考える.

フィードバックを施した閉ループ系の特性方程式は次式となる．

$$|sI - A + \boldsymbol{b}\boldsymbol{k}^T| = (s - a_{11})(s - 3 + k_2) = 0$$

これより，a_{11} の極は変化させることができないことがわかる．よって，$a_{11} < 0$ のときのみ，このシステムは安定化可能である．

問題 4.4. ハミルトン行列 H はリカッチ方程式を解き，正定解を求めると

$$P = \frac{1}{1-\sqrt{2}}\begin{bmatrix} -2+\sqrt{2} & 2\sqrt{2}-3 \\ 2\sqrt{2}-3 & 2\sqrt{2}-3 \end{bmatrix} \tag{E.1}$$

を得る．これにより，フィードバックゲイン $\boldsymbol{k}$ は

$$\boldsymbol{k} = \frac{1}{r}\boldsymbol{b}^T P = \begin{bmatrix} \sqrt{2}-1 & \sqrt{2}-1 \end{bmatrix} \tag{E.2}$$

となる．

5章

問題 5.1. 制御入力を

$$u(t) = -kx(t) + v(t)$$

と設計すると，閉ループ系は

$$\dot{x}(t) = (3-2k)x(t) + 2v(t)$$

と表される．よって，$k = 3$ と設計される．さらに，$e(t) = x(t) - \sin\omega t$ とおくと，

$$\begin{aligned} \dot{e}(t) &= (3-2k)e(t) + (3-2k)\sin\omega t + 2v(t) - \omega\cos\omega t \\ &= -3e(t) - 3\sin\omega t + 2v(t) - \omega\cos\omega t \end{aligned}$$

と表されることより，

$$v(t) = \frac{1}{2}(3\sin\omega t + \omega\cos\omega t)$$

と設計される．すなわち，

$$u(t) = -3x(t) + \frac{1}{2}(3\sin\omega t + \omega\cos\omega t)$$

と得られる．

問題 5.2. $\boldsymbol{x} = [\theta,\ \dot{\theta}]^T$ とおくとロボットアームの状態方程式は

$$\begin{aligned} \dot{\boldsymbol{x}}(t) &= \begin{bmatrix} 0 & 1 \\ 0 & 0 \end{bmatrix}\boldsymbol{x}(t) + \begin{bmatrix} 0 \\ \frac{1}{J} \end{bmatrix}\tau(t) \\ y &= \theta = [1\ 0]\boldsymbol{x}(t) \end{aligned}$$

と表される．また，規範信号のモデルは，

$$\dot{\boldsymbol{x}}_m(t) = \begin{bmatrix} 0 & \omega \\ -\omega & 0 \end{bmatrix} \boldsymbol{x}_m(t), \quad \boldsymbol{x}_m(0) = \begin{bmatrix} 0 \\ 1 \end{bmatrix}$$
$$y_m(t) = [1 \ \ 0]\boldsymbol{x}_m(t)$$

で与えられる．よって，(5.18), (5.21) 式を満足する Ω_{ij} および S_{ij} は

$$\Omega_{11} = \begin{bmatrix} 0 & 0 \\ 1 & 0 \end{bmatrix}, \ \Omega_{12} = \begin{bmatrix} 1 \\ 0 \end{bmatrix}, \Omega_{21} = [0 \ J], \Omega_{22} = 0$$
$$S_{11} = \begin{bmatrix} 1 & 0 \\ 0 & \omega \end{bmatrix}, \ S_{12} = \begin{bmatrix} 0 \\ 0 \end{bmatrix}, S_{21} = [-J\omega^2 \ 0], S_{22} = 0$$

よって，

$$\boldsymbol{x}^*(t) = S_{11}\boldsymbol{x}_m(t) = \begin{bmatrix} \sin\omega t \\ \omega\cos\omega t \end{bmatrix}$$
$$\tau^*(t) = S_{21}\boldsymbol{x}_m(t) = -J\omega^2\cos\omega t$$

を得る．

問題 5.3. ロボットアームの状態方程式を

$$\dot{\boldsymbol{x}}(t) = A\boldsymbol{x}(t) + \boldsymbol{b}\tau(t)$$

と表すと，理想状態は

$$\dot{\boldsymbol{x}}^*(t) = A\boldsymbol{x}^*(t) + \boldsymbol{b}\tau^*(t)$$

と表すことができる．よって，制御入力を

$$\tau(t) = -\boldsymbol{k}^T\boldsymbol{x}(t) + v(t)$$

と構成し，$\boldsymbol{e}_x = \boldsymbol{x} - \boldsymbol{x}^*$ とおくと，つぎの誤差方程式が得られる．

$$\dot{\boldsymbol{e}}_x(t) = (A - \boldsymbol{b}\boldsymbol{k}^T)\boldsymbol{e}_x(t) + \boldsymbol{b}(-\boldsymbol{k}^T\boldsymbol{x}^*(t) + v(t) - \tau^*(t))$$

このシステムは，$\boldsymbol{k}^T = [k_1, \ k_2]$, $k_1, k_2 > 0$ で安定であり，

$$v(t) = \boldsymbol{k}^T\boldsymbol{x}^*(t) + \tau^*(t) = -k_2\sin\omega t + \omega\cos\omega t$$

と設計することで，$\boldsymbol{e}_x \to 0$ が達成できる．

問題 5.4. 内部モデル原理より

$$C(s) = \frac{1}{s}C_0(s)$$

と設計すると，$e(t) = r - y(t)$ とおいた誤差システムは

$$E(s) = \frac{1}{1 + \frac{1}{s}C_0(s)G(s)} \cdot \frac{r}{s} - \frac{G(s)}{1 + \frac{1}{s}C_0(s)G(s)} \cdot \frac{d}{s}$$
$$= \frac{s+a}{s(s+a) + bC_0(s)} r - \frac{b}{s(s+a) + bC_0(s)} d$$

よって，$s(s+a)+bC_0(s)$ が安定多項式となるように，$C_0(s)$ を設計すればよい．例えば，$C_0(s)=k>0$ と設計できる．

問題 5.5.

$$\ddot{x}(t)=2\dot{x}(t)+3\dot{u}(t)$$

である．よって，$\boldsymbol{x}_e(t)=[\dot{x}(t),\ x(t)]^T$ とおくと，

$$\dot{\boldsymbol{x}}_e(t)=\begin{bmatrix} 2 & 0 \\ 1 & 0 \end{bmatrix}\boldsymbol{x}_e(t)+\begin{bmatrix} 3 \\ 0 \end{bmatrix}\dot{u}(t)$$
$$x(t)=[0\ 1]\boldsymbol{x}_e(t)$$

を得る．以下，例題 5.4 と同様に考えると，$k_1>2/3$, $k_2>0$ なる k_1, $k2$ を用いて

$$\dot{u}(t)=-[k_1\ k_2]\boldsymbol{x}_e(t)$$

と設計すればよい．結局，

$$u(t)=-k_1x(t)-k_2\int_0^t x(\tau)d\tau$$

が得られる．

6 章

問題 6.1. システムの特性方程式は

$$\det(sI-A)=\left|sI-\begin{bmatrix} 0 & 1 \\ -2 & -3 \end{bmatrix}\right|=s^2+3s+2=0$$

より，$a_1=2, a_2=3$ なので可観測正準形への変換行列は

$$T=SM_o=\begin{bmatrix} a_2 & 1 \\ 1 & 0 \end{bmatrix}\begin{bmatrix} \boldsymbol{c}^T \\ \boldsymbol{c}^TA \end{bmatrix}=\begin{bmatrix} 3 & 1 \\ 1 & 0 \end{bmatrix}\begin{bmatrix} 1 & -1 \\ 2 & 4 \end{bmatrix}=\begin{bmatrix} 5 & 1 \\ 1 & -1 \end{bmatrix}$$

となる．一方，所望とする誤差系の特性方程式は $(s+2)(s+3)=s^3+5s+6=0$ なので，$\alpha_1=6, \alpha_2=5$ となり，(6.16) 式より可観測正準形に対するオブザーバゲイン $\bar{\boldsymbol{g}}$ は

$$\bar{\boldsymbol{g}}=\begin{bmatrix} \alpha_1-a_1 \\ \alpha_2-a_2 \end{bmatrix}=\begin{bmatrix} 6-2 \\ 5-3 \end{bmatrix}=\begin{bmatrix} 4 \\ 2 \end{bmatrix}$$

したがって，元のシステムのオブザーバゲイン $\boldsymbol{g}$ は

$$\boldsymbol{g}=T^{-1}\bar{\boldsymbol{g}}=\begin{bmatrix} 5 & 1 \\ 1 & -1 \end{bmatrix}^{-1}\begin{bmatrix} 4 \\ 2 \end{bmatrix}=\begin{bmatrix} 1 \\ -1 \end{bmatrix}$$

となり，例題 6.1 の結果と一致する．

問題 6.2.

(1) 可制御性行列，可観測性行列をそれぞれ求めると．

$$M_c = \begin{bmatrix} 0 & 1 & 1 \\ -1 & -2 & -2 \\ 1 & 0 & -1 \end{bmatrix}, \quad M_o = \begin{bmatrix} 1 & -1 & 0 \\ 1 & -1 & 2 \\ 3 & 1 & 4 \end{bmatrix}$$

となり，共に正則なため可制御可観測なシステムである．

(2) 変換行列を

$$T = \begin{bmatrix} 1 & -1 & 0 \\ 0 & 1 & 0 \\ 0 & 0 & 1 \end{bmatrix}$$

とおくと，

$$a_{11} = 1, \quad \boldsymbol{a}_{12} = \begin{bmatrix} 0 & 2 \end{bmatrix}, \quad \boldsymbol{a}_{21} = \begin{bmatrix} 0 \\ 1 \end{bmatrix}, \quad A_{22} = \begin{bmatrix} 1 & -1 \\ 2 & 1 \end{bmatrix}$$

$$\boldsymbol{b}_1 = 1, \quad \boldsymbol{b}_2 = \begin{bmatrix} -1 \\ 1 \end{bmatrix}$$

となり，双対性を利用して，アッカーマンらの計算アルゴリズムを用いると $\boldsymbol{g} = [1\ 2.5]^T$ が求まる．

(3) 分離定理より，独立に設計できるので，フィードバック制御ゲインはそのまま，オブザーバゲインは双対性を用いて，アッカーマンらの計算アルゴリズムにより，

$$\boldsymbol{k}^T = [-39\ \ -68\ \ -23]$$

$$\boldsymbol{g} = [10.5\ 1.5\ 13]^T$$

がそれぞれ求まる．

7章

問題 7.1. リアプノフ関数の候補として，$V(x) = x(t)^2$ を考える．このとき，$V(x)$ の時間微分は，

$$\dot{V} = 2x(t)\dot{x}(t) = -4x(t)^4 - 2x(t)^2 < 0, \ \forall x \neq 0$$

と評価できる．また，$|x| \to \infty$ で $V(x) \to \infty$ である．よって，定理 7.2 より，このシステムは大域的漸近安定である．

問題 7.2.

$$V(\boldsymbol{x}) = \boldsymbol{x}(t)^T \begin{bmatrix} 2 & 1 \\ 1 & 1 \end{bmatrix} \boldsymbol{x}(t)$$

より，

$$\dot{V}(\boldsymbol{x}) = \boldsymbol{x}(t)^T(A^TP + PA)\boldsymbol{x}(t) = -\boldsymbol{x}(t)^T \begin{bmatrix} 4 & 3 \\ 3 & 4 \end{bmatrix} \boldsymbol{x}(t)$$

を得る．シルベスタ条件より，

$$\begin{bmatrix} 4 & 3 \\ 3 & 4 \end{bmatrix} > 0$$

なので，$V(\boldsymbol{x}) < 0, \forall \boldsymbol{x} \neq 0$ を得る．よって，このシステムは，漸近安定である．

問題 7.3.

$$P = \begin{bmatrix} P_1 & P_2 \\ P_2 & P_3 \end{bmatrix}$$

とおく．$Q = 4I$ と設定すると，

$$A\ TP + PA = -Q$$

より，

$$-4P_2 = -4,\ P_1 - 3P_2 - 2P_3 = 0,\ 2(P_2 - 3P_3) = -4$$

を得る．よって，$P_1 = 5, P_2 = 1, P_3 = 1$

$$P = \begin{bmatrix} 5 & 1 \\ 1 & 1 \end{bmatrix} > 0$$

を得る．よって，システムは漸近安定である．

問題 7.4. いま，

$$\begin{aligned} x_1(t) &= x(t) \\ x_2(t) &= \dot{x}(t) + F(x(t)),\quad F(x(t)) = \int_0^x a(1 - x(t)^2)dx \end{aligned}$$

とおくと

$$\begin{aligned} \dot{x}_1(t) &= x_2(t) - F(x_1(t)) \\ \dot{x}_2(t) &= -x_1(t)^3 \end{aligned}$$

と表すことができる．そこで，

$$V(x_1, x_2) = \int_0^{x_1} x^3 dx + \frac{1}{2}x_2(t)^2 = \frac{1}{4}x_1(t)^4 + \frac{1}{2}x_2(t)^2$$

とおくと

$$\dot{V}(x_1, x_2) = -x_1(t)^3 F(x_1(t)) = -ax_1(t)^4 \left(1 - \frac{x_1(t)^2}{3}\right)$$

を得る．よって，$x_1(t)^2 < 3$ のとき，$\dot{V}(x_1, x_2) \leq 0$ となる．すなわち，$V(x_1, x_2) < \frac{9}{4}$ なる領域で $\dot{V}(x_1, x_2) \leq 0$ であり，また，恒等的に $\dot{V}(x_1, x_2) = 0$ となるのは，$x_1 = 0$,

$x_2 = 0$ の原点のみである．よって，$V(x_1, x_2) < \frac{9}{4}$ なる領域で原点は漸近安定である．

8 章

問題 8.1. まず，ω を $0+$ から $+\infty$ まで変化させたときの $L_2(s)$ のベクトル軌跡を考え，それをもとに $L_2(s)$ のナイキスト軌跡を描く．$L_2(s)$ の周波数伝達関数 $L_2(j\omega)$ は次式となる．

$$L_2(j\omega) = \frac{-0.4507 \cdot j\omega + 0.08839}{j\omega(j\omega + 1)}$$

ベクトル軌跡の始点近傍 $\omega \to 0+$ では

$$L_2(j\omega) \simeq \frac{0.08839}{j\omega \cdot 1} = \frac{0.08839}{j\omega}$$

であるので $|L_2(j\omega)| = \infty$，$\angle L_2(j\omega) = -90°$ となる．したがって，ベクトル軌跡の始点は無限遠にありベクトル軌跡が始点に漸近する角度は $-90°$ である．逆に $\omega \to +\infty$ では

$$L_2(j\omega) \simeq \frac{-0.4507 \cdot j\omega}{j\omega \cdot j\omega} = \frac{-0.4507}{j\omega}$$

であるので $|L_2(j\omega)| = 0$，$\angle L_2(j\omega) = 90°$ となる．したがって，ベクトル軌跡の終点は原点となり，ベクトル軌跡が終点に漸近する角度は $90°$ となる．また，$L_2(j\omega)$ の実部は次式で表されるので，

$$\Re[L_2(j\omega)] = -\frac{0.5391}{\omega^2 + 1}$$

$\omega \to 0+$ で $\Re[L_2(j\omega)] = -0.5391$ となり，これが始点近傍の実部となる．さらに $L_2(j\omega)$ の虚部は次式で表されるので，

$$\Im[L_2(j\omega)] = \frac{0.4507\omega^2 - 0.08839}{\omega^3 + \omega}$$

$\omega = \pm\sqrt{0.4507/0.08839} = \pm 0.4429$ で，$L_2(j\omega)$ の虚部は 0 となり，そのときの実部は -0.4507 となる．したがって，$L_2(j\omega)$ は点 $(-0.4507, 0)$ で実軸と交差する．

以上より ω を $0+$ から $+\infty$ まで変化させたときの $L_2(s)$ のベクトル軌跡を描くことができ，その軌跡を実軸に線対称に描いたものが ω を $0-$ から $-\infty$ まで変化させたときの $L_2(s)$ のナイキスト軌跡となる．

また，$L_2(s)$ は虚軸上に $s = 0$ の極をもつため，ナイキスト軌跡は ω が $0-$ と $0+$ との間で不連続となる．そこでナイキスト経路を $s = 0$ の近傍で $0-$ から $0+$ まで反時計回りに右半面側へ回避すると，その位相は $-90°$ から $90°$ まで反時計回りに変化する．一方，虚軸上の極 $s = 0$ 近傍では

$$L_2(s) \simeq \frac{0.08839}{s}$$

となるので，このとき，$L_2(s)$ の軌跡は，s の回転方向とは逆に，$90°$ から $-90°$ まで時計回りに変化する．以上より (8.29) 式の $L_2(s)$ のナイキスト軌跡は図 8.4(b) のようになる．

問題 8.2.　図 8.8(a) は (8.39) 式の一巡伝達関数 $L_0(s)$ のナイキスト軌跡である．ただし，$L_0(s)$ のもつ虚軸上の極 $s=0$ を避けるため，ナイキスト経路を $s=0$ 近傍で右半面に回避している．この場合，ナイキスト経路の内部にある開ループ極は 1 のみとなるので，$\Pi=1$ となる．また，図 8.8(a) よりナイキスト軌跡は臨界点を反時計回りに 1 回転するので $N=-1$ となる．したがって，このときの不安定な閉ループ極の個数は $Z=N+\Pi=0$，すなわち，閉ループ系は安定であることがわかる．

問題 8.3.　(8.34) 式の分母を $D_{yv}(s)$ とし，(8.30)～(8.32) 式を代入すると，

$$
\begin{aligned}
D_{yv}(s) &= 1 + C_1(s) + C_2(s)P(s) \\
&= 1 + \boldsymbol{k}^T(sI - A + \boldsymbol{g}\boldsymbol{c}^T)^{-1}\boldsymbol{b} \\
&\quad + \boldsymbol{k}^T(sI - A + \boldsymbol{g}\boldsymbol{c}^T)^{-1}\boldsymbol{g}\boldsymbol{c}^T(sI - A)^{-1}\boldsymbol{b} \\
&= 1 + \boldsymbol{k}^T(sI - A + \boldsymbol{g}\boldsymbol{c}^T)^{-1}\underline{(sI - A)}(sI - A)^{-1}\boldsymbol{b} \\
&\quad + \boldsymbol{k}^T(sI - A + \boldsymbol{g}\boldsymbol{c}^T)^{-1}\underline{\boldsymbol{g}\boldsymbol{c}^T}(sI - A)^{-1}\boldsymbol{b} \\
&= 1 + \boldsymbol{k}^T(sI - A + \boldsymbol{g}\boldsymbol{c}^T)^{-1}(sI - A + \boldsymbol{g}\boldsymbol{c}^T)(sI - A)^{-1}\boldsymbol{b} \\
&= 1 + \boldsymbol{k}^T(sI - A)^{-1}\boldsymbol{b}
\end{aligned}
$$

となり，(8.14) 式と (8.34) 式が一致していることがわかる．

問題 8.4.　図 8.9 より $L_1(j\omega)$ の位相が $-180°$ となる位相交差周波数 $\omega=0.36\,\mathrm{rad/s}$ および $\omega=2.4\,\mathrm{rad/s}$ である．また，$|L_1(j0.36)|>1$，$|L_1(j2.4)|<1$ である．したがって，$L_1(s)$ のナイキスト軌跡は，$\omega=0.36\,\mathrm{rad/s}$ のとき臨界点の左側で実軸と交差し，$\omega=2.4\,\mathrm{rad/s}$ のとき臨界点の右側で実軸と交差する．ここで，制御対象の入力行列 $\boldsymbol{b}$ が小さくなると，(9.40) 式より $L_1(j\omega)$ のゲインのみが小さくなり，その位相は変化しない．したがって，このとき，図 8.9 のボード線図においてゲイン線図のみが図の下方向に並行移動することになる．制御対象の入力行列 $\boldsymbol{b}$ が小さくなり，$\omega=0.36\,\mathrm{rad/s}$ において $|L_1(j\omega)|<1$ となると，臨界点の左側にあったナイキスト軌跡の実軸との交点が臨界点の右側に移動し，ナイキスト軌跡が臨界点を周回する回数が変化する．これにより閉ループ系が不安定化する．

問題 8.5.

$$
L(s) = \left\{C_2(s) + \frac{k_e}{s}\right\}\frac{1}{1 + C_1(s)}P(s)
$$

ただし，$P(s)$，$C_1(s)$ および $C_2(s)$ は，それぞれ，(8.30)，(8.31) 式および (8.32) 式で与えられる．

参考図書・文献

1) 古田勝久, 佐野 昭: 基礎システム理論, コロナ社 (1978)
2) K. Ogata: Modern Control Engineering, 5th Ed., Prentice Hall (2010)
3) 伊藤正美: 自動制御概論 [下], 昭晃堂 (1985)
4) 金井喜美雄: 制御システム設計, 槇書店 (1989)
5) 浜田 望, 松本直樹, 高橋 徹: 現代制御理論入門, コロナ社 (1998)
6) 安藤和昭, 田沼正也編著: 数値解析手法による制御系設計, 計測自動制御学会 (1993)
7) D. L. Kleinman: On an Iterative Technique for Riccati Equation Computations, IEEE Trans. Automatic Control, Vol.13, No.1, pp.114–115 (1968)
8) J. E. Potter: Matrix Quadratic Solutions, SIAM J. Appl. Math., 14, 496/501 (1966)
9) 木村英紀, 美田 勉, 新 誠一, 葛谷秀樹: 制御系設計理論と CAD ツール (1998)
10) 柏木 濶, 上野敏行, 岩井善太, 小畑秀文, 中村政俊: 自動制御, 朝倉書店 (1986)
11) W. M. Wonham et al.: A Computational Approach to Optimal Control of Stochastic Stationary Systems, Proc. 1968 JACC, 13/33 (1968)
12) J. Hauser, S. Sastry, and P. Kokotovic: Nonlinear Control Via Approximate Input-Output Linearization: The Ball and Beam Example, IEEE Trans. Automatic Control, Vol.37, No.3, pp.392–398 (1992)
13) 片山 徹: 新版 フィードバック制御の基礎, 朝倉書店 (2002)
14) 岩井善太, 水本郁朗, 大塚弘文: 単純適応制御 (SAC), 森北出版 (2008)
15) R. C. Dorf and R. H. Bishop: Modern Control Systems, Addison-Wesley (1995)
16) 伊藤正美: システム制御理論, 昭晃堂 (1980)
17) H. K. Khalil: Nonlinear Systems, 2nd Ed., Prentice-Hall (1996)
18) S. Sastry: Nonlinear Systems, Analysis, Stability, and Control, Springer (1999)
19) S. Sastry and M. Bodson: Adaptive Control, Stability, Convergence, and

Robustness, Prentice-Hall (1989)

20) 杉江俊治, 藤田政之: フィードバック制御入門, pp.87–103, コロナ社 (1999)

21) 佐伯正美: 制御工学—古典制御からロバスト制御へ—, pp.148–159, 朝倉書店 (2013)

23) 森 泰親: わかりやすい現代制御理論, pp.107–109, 森北出版 (2013)

24) 有本 卓: 新版 ロボットの力学と制御, 朝倉書店 (2002)

25) 伊藤 廣: これからのマシン・デザイン, 森北出版 (1989)

26) 平田光男: Arduino と MATLAB で制御系設計をはじめよう！, TechShare (2012)

27) J. R. Broussard and M. J. O'Brien: Feedforward Control to Track the Output of a Forced Model, IEEE Trans. Automatic Control, Vol.25, No.4, pp.851–853 (1980)

索　引

欧　文

CGT 理論　79
Chien, Hrones and Reswick 法　26

I-PD 制御則　28

LQ 最適制御　69

PID 制御　21
PI 制御　20
P 制御　18

Ziegler and Nichols 法　26

あ　行

アクチュエータ　1
アッカーマンの極配置法　66
安定　103
安定性　54, 115
安定定理　115
安定余裕　123

位相　15
位相交差周波数　124
位相特性　15
位相余裕　18
一次遅れ系　13
一次結合　156
一次従属　156
一次独立　156
一巡伝達関数　11
一様　111
一様安定　111
一様安定性　111
一様安定定理　115
一様漸近安定性　111, 116
一様漸近安定定理　115

エルミート行列　146
円条件　125

オーバーシュート　21
オブザーバ　89
オブザーバゲイン　90

か　行

可安定　63
外乱　1
可換　150
可観測　45
可観測行列　46
可観測性　45
可観測正準形　52
隠されたモード　55
影のモード　55
可制御　43
可制御性　43
可制御正準形　39, 50
可制御性と極配置　62
加法　155
完全追従　77
完全モデル出力追従　77, 78
還送差　123
還送差条件　125
感度関数　123

逆行列 146, 152
逆ラプラス変換 7
狭義単調増加 114
行（横）ベクトル 145
共役転置行列 146
行列 145
行列式 151
行列ノルム 148
極 15
局所的 104
極・零相殺 55
極配置 60

ゲイン 13, 15
ゲイン交差周波数 124
ゲイン特性 15
ゲイン余裕 18
ケーリー・ハミルトンの定理 154
検出部 1

固有値 154
固有ベクトル 154
固有ベクトルの一次独立性 156
コントローラ 1
コンピュータ制御 3

さ 行

最小次元オブザーバ 94
最小実現 41
最適レギュレータ定理 162
最適レギュレータ問題 69

時間応答 13
指数安定性 113
システム 1
実現 37
実現問題 37
時定数 13
自動制御 3
自明でない解 154
自明な解 153
周波数応答 13
周波数伝達関数 15, 122
出力方程式 31
手動制御 2
準正定 105, 160
状態観測器 89
状態空間表現 32
状態フィードバック制御 58
状態ベクトル 31
状態変数 31
状態方程式 31
ジョルダン標準形 159
自律系 103
シルベスタ条件 160

数学モデル 4
スカラー倍 155
ステップ応答 13

正規行列 146
制御器 1
制御対象 1
制御偏差 1
制御量 1
正則行列 147
正則変換 39
正定 160
正定関数 105
静的システム 4
正方行列 146
積分時間 20
零行列 146
零入力応答 35
遷移行列 34
漸近安定 104
漸近安定性 111
漸近安定定理 115
線形結合 156
センサ 1

操作部 1
操作量 1
双対性 48

た 行

大域的 104
大域的一様漸近安定 113

大域的一様漸近安定定理　115
大域的漸近安定性　112
大域的漸近安定定理　107
大域的漸近安定補助定理　107
対角行列　146
対称行列　146
代数リカッチ方程式　69
単位行列　146

調節部　1
直交行列　146

定常偏差　19
伝達関数　8

同一次元オブザーバ　94
動的システム　5
特性方程式　15, 154

な　行

ナイキスト軌跡　126
ナイキスト経路　165
ナイキストの安定判別法　126, 164
内部モデル原理　82

二次遅れ系　13

ノルム　147

は　行

非自律系　111
ひずみエルミート行列　146
ひずみ対称行列　146
微分時間　21
比例ゲイン　18
比例制御　18
比例・微分先行型 PID 制御　28
比例＋積分制御　20
比例＋積分＋微分制御　21

フィードバックゲイン　58
フィードバック制御　1
フィードフォワード制御　4
フルビッツの安定判別法　16
ブロック線図　9
分離定理　100

閉ループ系　10, 58
閉ループ伝達関数　12
ベクトル空間　155
ベクトルノルム　147

ま　行

むだ時間　14
むだ時間系　14

目標値　1
モデリング　4
モデル出力追従制御　77
モード行列　157

や　行

有限時間最適レギュレータ問題　71
ユークリッドノルム　147
ユニタリ行列　146

余因子　152
余因子行列　152

ら　行

ラウスの安定判別法　16
ラグランジュの運動方程式　169
ラプラス逆変換　7
ラプラス変換　7

リアプノフ関数　107
リアプノフの安定定理　106, 115
リアプノフの意味での安定性　103
リアプノフの第二法　105
リアプノフの方法　105
リアプノフの補題　109
リアプノフ方程式　110
リセット時間　20

列（縦）ベクトル　145

編著者略歴

山本　透（やまもと　とおる）

1961年　愛媛県に生まれる
1987年　徳島大学大学院工学研究科修士課程修了
現　在　広島大学大学院工学研究院電気電子システム数理部門教授
博士（工学）

水本郁朗（みずもと　いくろう）

1966年　山口県に生まれる
1991年　熊本大学大学院工学研究科修士課程修了
現　在　熊本大学大学院自然科学研究科産業創造工学専攻准教授
博士（工学）

線形システム制御論　　定価はカバーに表示

2015年3月25日　初版第1刷
2022年8月10日　　　第4刷

編著者　山　本　　透
　　　　水　本　郁　朗
発行者　朝　倉　誠　造
発行所　株式会社　朝　倉　書　店
東京都新宿区新小川町6-29
郵便番号　162-8707
電　話　03(3260)0141
FAX　03(3260)0180
http://www.asakura.co.jp

〈検印省略〉

ISBN 978-4-254-20160-4　C 3050